新时代大学计算机基础课程教学基本要求

教育部高等学校大学计算机课程教学指导委员会　编制

中国教育出版传媒集团

高等教育出版社·北京

图书在版编目（CIP）数据

新时代大学计算机基础课程教学基本要求 / 教育部
高等学校大学计算机课程教学指导委员会编制 . -- 北京：
高等教育出版社，2023.4
　　ISBN 978-7-04-059986-2

　　Ⅰ . ①新… Ⅱ . ①教… Ⅲ . ①电子计算机 – 教学研究
– 高等学校 Ⅳ . ① TP3-42

　　中国国家版本馆 CIP 数据核字（2023）第 032359 号

Xinshidai Daxue Jisuanji Jichu Kecheng Jiaoxue Jiben Yaoqiu

策划编辑　唐德凯	责任编辑　唐德凯	封面设计　李卫青	版式设计　李彩丽
责任校对　吕红颖	责任印制　刁　毅		

出版发行	高等教育出版社	网　　址　http://www.hep.edu.cn
社　　址	北京市西城区德外大街 4 号	http://www.hep.com.cn
邮政编码	100120	网上订购　http://www.hepmall.com.cn
印　　刷	山东韵杰文化科技有限公司	http://www.hepmall.com
开　　本	787mm×1092mm　1/16	http://www.hepmall.cn
印　　张	5.5	
字　　数	120 千字	版　　次　2023 年 4 月第 1 版
购书热线	010-58581118	印　　次　2023 年 4 月第 1 次印刷
咨询电话	400-810-0598	定　　价　32.00 元

本书如有缺页、倒页、脱页等质量问题，请到所购图书销售部门联系调换
版权所有　侵权必究
物 料 号　59986-00

前　　言

随着信息技术的快速发展，与计算机和互联网相关的物联网、大数据、人工智能等新一代信息技术已经渗透到人们生活的各个领域，能够理解新一代信息技术，具备计算思维能力，掌握基于互联网的学习和交流方法，是对新时代大学生人才素质的基本要求。

目前，在我国各类高等院校中，"大学计算机"已经同"大学英语""大学数学"和"大学物理"一样成为一门所有学生必修的重要基础课程，肩负高等教育阶段培养非计算机专业学生的计算思维能力、普及新一代信息技术教育、提高大学生计算机应用能力的历史重任。

计算思维（computational thinking）是指运用计算机科学的思维方式进行问题求解、系统设计以及人类行为理解等的一系列思维活动。计算思维能力，不仅是计算机专业学生应该具备的基本能力，而且也是所有大学生必须具备的重要素养。因此，从 2010 年开始，计算思维能力培养成为大学计算机基础教学的核心任务。

近年来，新一代信息技术在人文社科、经济金融、工商管理、自然科学、工程技术等许多领域引发了一系列的革命性突破，并不断与各类专业交叉融合，涌现出新工科、新文科、新医科和新农科"四新"专业体系。这些专业对新一代信息技术的需求有增无减，"课程体系如何契合专业需求、课程内容如何融合新兴技术"面临巨大挑战。迫切需要将新一代信息技术融入大学计算机基础课程体系和教学内容之中，在强化大学生的计算思维能力培养的同时，进一步实现新一代信息技术赋能。

在这样历史性的重大使命和责任面前，大学计算机基础教学工作面临着难得的历史发展机遇，也面临着重大挑战。为此，教育部高等学校大学计算机课程教学指导委员会（2018—2022 年）（以下简称"教指委"）提出了以计算思维能力培养和新一代信息技术赋能为目的的大学计算机基础课程教学改革目标，通过课程体系与内容、实践模式与方法的改革，将新一代信息技术融入对计算系统的理解之中，融合到应用能力的培养之中，并最终实现技术赋能和计算思维能力培养这一目标。

基于上述目标，教指委通盘设计、科学规划、守正创新，经过大量调研和讨论，形成了《新时代大学计算机基础课程教学基本要求》（以下简称《基本要求》）。《基本要求》借鉴了前两届教指委制定的《大学计算机基础课程教学基本要求》《高等学校计算机基础教学发展战略研究报告暨计算机基础课程教学基本要求》《高等学校文科类专业大学计算机教学基本要求》与《高等学校计算机基础核心课程教学实施方案》的相关内容，继承了计算思维理论、体系以及方法论等研究成果，并与时俱进，引入物联网、云计算、大数据、人工智能、区块链等新一代信息技术，从而提出了以计算思维能力培养为支撑，新一代信息技术赋能为拓展的新时代大学计算机基础教学的基本任务和基本要求。

《基本要求》正文分为 5 章。第 1 章为大学计算机基础教学的发展与挑战，简要介绍了大学计算机基础教学的发展历程，并指出了当前大学计算机基础教学中面临的主要挑战。第 2 章为大学计算机基础教学的能力培养目标，描述了计算思维的内涵，指出了新时代大学生计算机能力培养目标及主要实现途径。第 3 章为大学计算机基础教学的知识体系，总结凝练了大学计算机基础教学的 4 个知识领域、17 个知识单元，给出了每个知识单元的知识点及其基本教学要求。第 4 章为大学计算机基础教学的课程体系，描述了大学计算机基础课程体系发展脉络，给出了一个"宽、专、融"的课程体系方案，针对通识型课程（"宽"）改革提出了课程建议方案，并给出了大学计算机基础教学的课程实践方案，第 5 章为大学计算机基础教学的质量保障体系，强调了大学计算机基础课程在各专业培养方案中的地位，指出了大学计算机基础课程的师资队伍、教学环境、资源建设、质量评价等方面的基本要求。

此外，为了更好地帮助各高校落地实施新时代的大学计算机基础课程体系和教学内容，附录中还给出了不同高校的大学计算机基础课程体系典型方案，以及技术型课程和交叉融合型课程典型案例。相关课程负责人可以参考典型方案制定适合本校的计算机基础课程体系，相关任课教师可以参考典型案例编制适用于本校的计算机基础课程教学大纲。需要说明的是，典型方案和典型案例仅起示范作用，鼓励课程负责人和任课教师探索更加丰富、更加具有创造性的课程体系或方案。

教指委高度重视《基本要求》的研制工作，组织全体委员深入近百所高校开展了大量的调研工作。在此基础上，于 2019 年 4 月成立了《基本要求》编制小组。编制小组的主要成员有：桂小林、何钦铭、王移芝、王浩、杨志强、曹淑艳、刘卫国等，此外，高等教育出版社的张龙、唐德凯等为《基本要求》的编制提供了多方面支持。殷建平、卢虹冰、杜小勇审阅了《基本要求》的部分稿件。

编制小组在主任委员郑庆华教授领导下，历经四年完成了《基本要求》的编制工作。随后在不同范围内征求了高校教师、专家的意见，并进行了多次修订。在《基本要求》付印之际，我们向所有为之做出贡献的专家、教师等表示真诚的谢意！

教育部高等学校大学计算机课程教学指导委员会

2022 年 8 月

目　　录

第1章 大学计算机基础教学的发展与挑战

大学计算机基础教学经历了近半个世纪的发展历程,与非计算机专业的融合越来越紧密,对非计算机专业的支撑也越来越显著,已成为大学基础教育的重要组成部分。作为全体大学生的公共基础课,大学计算机基础课程不仅要培养大学生的计算思维,强化大学生的计算机应用能力,还要为大学生利用新一代信息技术解决本专业领域的应用问题提供基础性支撑。

1.1 大学计算机基础教学的发展历程

我国计算机基础教学近半个世纪的发展历程,可分四个阶段。第一阶段是计算机基础教学的开端,是以编程开启的计算机普及教育;第二阶段是计算机基础教学的体系化,以计算机基础教学地位的正式确立为标志;第三阶段是以计算思维为导向的计算机通识教育;第四阶段是以计算思维能力培养和新一代信息技术赋能为目标的大学计算机通识教育。

1.1.1 计算机基础教学的开端

20 世纪 80 年代,计算机开始大规模进入高校、企业,如何使用计算机成为全国性计算机普及的主要任务。在这一阶段中,计算机普及的对象主要是三部分人:大学非计算机专业的师生,部分在职科技人员和管理人员,以及大城市中的部分中学生。当时 Windows 和 Office 等软件尚未问世,学习计算机知识及其应用要从程序设计入手,因此,第一次全国性的计算机普及的切入点是计算机高级语言(主要是 BASIC 和 FORTRAN 语言),学习者数以百万计。这一普及阶段主要是启蒙性的,促进了全社会对计算机的了解和重视,形成了良好的舆论氛围,建立了计算机教育的初步体系,培养了大批骨干,为后来计算机的进一步普及打下了良好的基础。到 20 世纪 80 年代后期,全国几乎所有高校的所有专业都开设了计算机相关课程,向大学生普及计算机知识,结束了我国大学生不了解计算机的历史。

20 世纪 90 年代,微型计算机、Windows 和 Office 等软件的出现,为计算机的推广应用创造了良好的条件。这次普及的对象扩展到广大公务人员、在职干部和知识分子。

20 世纪 90 年代中期,原国家教委考试中心推出了"全国计算机等级考试(NCRE)"和"全国计算机应用技术证书考试(NIT)",原劳动部推出了"全国计算机信息高新技术考试（OSTA）"，全国许多单位都把具有计算机知识和通过计算机相关考试作为聘用和晋升职称的重要条件，由此，推动了计算机基础教学开始迈入体系化发展阶段。

1.1.2　计算机基础教学的体系化发展

1997 年，原国家教委高教司颁布了《加强工科非计算机专业计算机基础教学工作的几点意见》（教高司［1997］155 号，简称"155 号文件"）。该文件在计算机基础教学历史上具有里程碑式的意义，明确了计算机基础教学在本科教学中的地位，标志着高校的计算机基础教学进入体系化发展阶段。与此同时，教育部成立了面向全体大学生计算机基础教学的教学指导委员会，进一步规范了高校的计算机基础教学模式。

进入到 21 世纪，在高教司的直接领导下，教育部高等学校计算机基础课程教学指导委员会和教育部高等学校文科计算机基础教学指导委员会发布了多份有关计算机基础教学的指导性文件，体现出体系化发展的突出特征，其标志性的成果是研制和出版了《关于进一步加强高等学校计算机基础教学的意见暨计算机基础课程教学基本要求》（白皮书 2006）、《高等学校计算机基础教学发展战略研究报告暨计算机基础课程教学基本要求》（白皮书 2009）、《高等学校文科类专业大学计算机教学基本要求》（文科白皮书 2003、2006、2008、2011）。这些指导性文件的发布及版本的更新本质上反映了计算机基础教学的继承与发展、稳定与进步、静态与动态的辩证关系。

2009 年，教育部高等学校计算机基础课程教学指导委员会发布的《高等学校计算机基础教学发展战略研究报告暨计算机基础课程教学基本要求》（简称《基础要求》）在"4 个领域 × 3 个层次"的知识体系总体架构基础上，充实了知识体系和实验体系的具体知识点和技能点，为课程教学内容的制定奠定了科学基础。《基础要求》同时还针对"1+X"的课程设置方案提出了核心课程的基本要求，将教学基本要求分为"一般要求"和"较高要求"两个层次，给不同办学层次的学校（专业）较大的选择余地。

计算机基础教学知识体系的四个领域如下。

（1）系统平台与计算环境：涉及计算机硬件结构、操作系统、网络工作平台等方面的基础知识和应用技能。

（2）算法基础与程序设计：涉及程序设计语言（包括面向过程及面向对象的程序设计语言）、程序设计基本方法、数据结构与算法基础等。

（3）数据管理与信息处理：涉及应用计算机系统进行数据分析与信息处理的技术与方法，典型的有数据库技术、多媒体与人机交互技术等。另外，专业特征比较明显的控制技术、辅助设计技术、数值计算等方面的内容也包含于这一领域。

（4）应用系统分析与设计：涉及较大型信息系统的设计方法（特别是网络应用软件的架构技术）以及软件开发过程等方面的内容。

计算机基础教学知识体系的三个层次如下。

（1）概念与基础：涉及各知识领域中一些主要概念和原理性的内容，是要求学生掌握和理解的知识。

（2）技术与方法：涉及各知识领域中用于实际开发工作的技术与方法，这些技术与方法是用计算机解决实际问题的基本手段和工具。

（3）相关专业应用：计算机相关技术与方法在其他各专业领域中的应用。

4×3 矩阵中的元素，称为知识单元，经研究设计，该体系含有 124 个知识单元。

与知识体系对应，实验教学体系也采用一个 4×3 矩阵来表示，其矩阵元素称为实验单元，实验单元的内涵由技能点来表示。该实验教学体系包含 83 个实验单元和 354 个技能点。四个领域是：系统平台与计算环境（S），算法基础与程序设计（P），数据管理与信息处理（D），应用系统分析与设计（A）。每个领域又分三个层次，分别是：①操作性基础（O），包括常用软硬件基本操作、基本原理的验证；②综合性技能（C）：技术与方法的实现；③专业性应用（S）：涉及专业的应用技能，有关的专业软件应用等。

《基础要求》中，针对不同的学科门类，给出了基于"1+X"体系的核心课程组成。随后，教育部高等学校计算机基础课程教学指导委员会研究制订了具有共性的 6 门核心课程实施方案，并在 2011 年出版了《高等学校计算机基础核心课程教学实施方案》。该方案所涉及的 6 门核心课程是大学计算机基础、程序设计基础、微机原理与接口技术、数据库技术与应用、多媒体技术与应用、计算机网络技术与应用。

教育部高等学校文科计算机基础教学教学指导委员会制订了 2006 版《高等学校文科类专业大学计算机教学基本要求》，提出"四个定位的教学体系、三门类的分类指导、三层次的课程体系、八个方面的实施评估保障措施"，形成了完整的文科计算机基础教学体系。

1.1.3　以计算思维为导向的大学计算机基础教学

2010 年前后，传统的"计算机工具论"教学在高等学校的计算机基础课程教学中遇到了前所未有的挑战，一些高校的计算机基础课程面临被取消的危险。

2010 年，北京大学、清华大学、西安交通大学等 9 所高校在西安召开了首届"九校联盟（C9）计算机基础课程研讨会"。会后发表了《九校联盟（C9）计算机基础教学发展战略联合声明》，达成以下四点共识。

（1）计算机基础教学是培养大学生综合素质和创新能力不可或缺的重要环节，是培养复合型创新人才的重要组成部分。

（2）旗帜鲜明地把"计算思维能力的培养"作为计算机基础教学的核心任务。

（3）进一步确立计算机基础教学的基础地位，加强队伍和机制建设。

（4）加强以计算思维能力培养为核心的计算机基础教学课程体系和教学内容的研究。

2010 年 11 月，陈国良院士在山东济南召开的第六届大学计算机课程报告论坛中做了题为"计算思维与大学计算机基础教学"的大会报告，报告讲述了"大学计算机基础"课程的重要性，分析了大学计算机基础教学中存在的问题，指出了"狭义工具论"的危害，并从推动人类文明进步、科技发展三大科学思维之一的计算思维入手，阐述了计算思维对学生创新能力培养的重要性。最后按计算思维主要内容，即问题求解、系统设计和人类行为理解，探讨了大学计算机基础课程的设置，强调了课程结构设计的重要性，给出了一种以"计算思维"为核心的大学计算机基础课程教学的最小集，为大学计算机基础教学提供了一种以提高学生计算思维能力为目标的新模式。

2012 年 7 月 17 日至 18 日，第一届"计算思维与大学计算机基础课程教学改革研讨会"在西安交通大学召开。此后，连续召开了七届"计算思维与大学计算机基础课程教学改革研讨会"。

2013 年，随着国内外关于计算思维研究的广泛开展，教育部高等学校大学计算机课程教学指导委员会（2013—2017 年）通过多次研讨，确立了以计算思维为导向的计算机基础教学改革的总体方向，目标是建设适应时代要求的新的大学计算机基础教学体系。

以计算思维为导向的大学计算机基础教学改革，其目的是通过梳理核心知识体系，改革教学内容和教学方法，将计算思维能力的培养建立在知识理解和应用能力培养的基础上。在这项改革中，面临的最大挑战就是：如何在有限的教学学时内合理安排教学内容，以什么样的教学方法及教学案例来呈现计算思维的思想。因此，提炼大学计算机基础教学相关知识模块中的计算思维核心概念，是这一轮课程改革最重要、最基本，同时也是最复杂的任务。

2013 年 7 月，随着大量的调研工作的开展，以教育部高等教育司"大学计算机课程改革项目"研究为契机，教指委组织近百所高校围绕计算思维若干重要问题展开深入研究。在此基础上，成立了《大学计算机基础课程教学基本要求》起草小组。经过两年多时间，总结凝练了计算机基础教学中涉及计算思维的 8 类 42 个核心概念及相应重点，完成了《大学计算机基础课程教学基本要求》的编制工作，并于 2016 年在高等教育出版社正式出版。

《大学计算机基础课程教学基本要求》将大学计算机基础教学中的基础课程知识领域由以前的 4 个调整为 3 个，即系统平台与计算环境、算法基础与程序开发、数据管理与信息处理。每个知识领域又包含 3 ~ 4 个知识子领域。

（1）系统平台与计算环境：涉及计算机硬件结构、操作系统、网络平台等方面的基础知识以及信息与社会方面的内容，其子领域有信息与社会、计算机系统、计算机网络。

（2）算法基础与程序开发：涉及计算基本原理、程序设计语言、程序设计基本方法、算法基础以及软件开发方法等方面的内容，其子领域有计算模型、算法与程序设计、软件开发。

（3）数据管理与信息处理：涉及应用计算机系统进行数据分析与信息处理的基本技术与方法，典型的有数据库技术、多媒体信息处理技术、智能技术等，其子领域有数据组织与管理、多媒体信息处理、分析与决策。

考虑到分类分层次教学的需求以及不同知识内容在大学计算机基础教学中的重要性也有所不同，《基本要求》将知识点分为三种类型："核心1（统一必修）""核心2（分类必修）""扩展（按专业需求选择）"。

（1）核心1（统一必修）：绝大部分内容为各层次各类型学生必须学习和掌握的知识内容，主要涉及"系统平台与计算环境"和"算法基础与程序开发"中的主要概念和基本原理，以及"数据管理与信息处理"中的部分基本概念和原理。

（2）核心2（分类必修）：是分类分层次教学内容的主要体现。各校可根据学校的实际情况，在多门课程涵盖这些知识点。一般要求每个学生必须掌握"核心2"知识内容的20%以上。

（3）扩展（按专业需求选择）：为大学计算机基础教学的扩展内容，这些内容可以作为必修课程的扩展内容，也可以设计成选修课程。

1.1.4 计算思维+赋能教育的大学计算机基础教学

2018年11月1日，2018—2022年教育部高等学校教学指导委员会成立会议在北京召开。时任教育部党组书记、部长陈宝生强调，要认真学习贯彻习近平总书记关于教育的重要论述，深入学习贯彻全国教育大会精神，全面振兴本科教育。一是要把全面振兴本科教育作为新时代高等教育改革发展的核心任务，持之以恒抓出成效。二是要把立德树人贯穿人才培养全过程作为全面振兴本科的第一要务。三是要牢牢抓住"教"这个核心，引导教师潜心教书育人。四是要紧紧抓好"学"这个根本，教育学生刻苦学习。

本届教育部高等学校大学计算机课程教学指导委员会（以下简称"教指委"）根据教育部"全面振兴本科教育"的总体要求，按照基础课、通识课的要求，系统梳理了大学计算机基础课程体系、教学大纲和教学内容。一方面，继续深化计算思维的内涵研究；另一方面，将人工智能、大数据、云计算、移动互联网、物联网等新技术融入系列课程之中，目标是为培养非计算机专业学生的计算思维能力、全新的信息素养和新一代信息技术融合应用基础提供全方位支撑。

2019年7月26—28日，由教指委主办、西安交通大学与高等教育出版社联合承办的"首届计算思维与赋能教育改革发展论坛暨第八届大学计算机基础课程教学改革研讨会"在西安召开，至今已经连续召开四届。论坛围绕"面向赋能教育的大学计算机基础课程体系改革""基于计算思维的大学计算机基础课程改革与实践""新时代背景下的大学计算机系列课程'金课'建设"和"新时代背景下的大学计算机系列课程师资培训"四个方面进行了深入交流和探讨，正式将"计算思维与赋能教育"的大学计算机基础课程改革理念在全国推广。

　　教指委根据新一代信息技术发展与各类专业交叉融合的需求，与时俱进，在广泛讨论的基础上将大学计算机基础课程的教学知识体系调整为"信息与社会、平台与计算、程序与算法、数据与智能"四大知识领域，涉及十七个知识单元。

　　为适应不同专业的培养目标需要，教指委按照理工、文、农、医等专业大类组建了4个大学计算机基础系列课程分类建设研究工作小组，负责相关大类教学改革的组织和推进，促进大类教学内容和实验内容的改革和落实，编写新的教学大纲和实验大纲。同时，组建了地方所属高校工作组负责研究地方高校的特点并开展针对性的教学改革和相关普及与推广工作。为了更好地将"立德树人"落实到课堂，还专门组建了大学计算机基础课程思政研究工作组来推动大学计算机基础教学中课程思政的研究、落地与推广。

　　通过近四年的研究，本届教指委在继承 2016 版《大学计算机基础课程教学基本要求》的基础上，守正创新，新编了《新时代大学计算机基础课程教学基本要求》。

　　这一版《基本要求》紧跟新一代信息技术发展，从信息与社会、平台与计算、程序与算法、数据与智能四个维度构建新时代大学计算机基础课程的通识教学内容，不仅强化对学生计算思维能力的培养，同时推动物联网、大数据和人工智能等新技术与不同专业的结合和应用。

1.2　大学计算机基础教学面临的挑战

　　在信息技术日新月异的今天，各个高校的不同专业对大学计算机基础教学的课程需求不断增长，计算机基础教学总体发展良好。但是，在新的时期，大学计算机基础教学的课程体系和内容建设、课程团队和师资队伍建设等方面还面临诸多挑战。具体体现在如下几个方面。

1.2.1　课程体系如何适应"四新"专业建设需求

　　2017 年 2 月以来，教育部开始推进新工科建设，其标志性事件是"复旦共识""天大行动"和"北京指南"。2018 年后，新医科、新农科、新文科相继推出。新医科有医学教育"大国计、大民生、大学科、大专业"新定位，新农科有"安吉共识""北大仓行动""北京指南"三部曲，新文科有推进工作会发布的《新文科建设宣言》等。

　　2019 年 4 月，教育部在天津大学召开"六卓越一拔尖"计划 2.0 启动大会，正式全面启动新工科、新医科、新农科、新文科建设。同年，教育部发布《教育部关于深化本科教育教学改革全面提高人才培养质量的意见》，要求"以新工科、新医科、新农科、新文科建设引领带动高校专业结构调整优化和内涵提升"。

　　新医科是为适应新一轮科技革命和产业变革的要求，提出从治疗为主到兼具预防治疗、康养的生命健康全周期医学的新理念，开设精准医学、转化医学、智能医学等新专业。新文科是基于现有传统文科的基础进行学科中各专业课程重组，把现代信息技术融入哲学、文学、语言等诸如此类的课程中，为学生提供综合性的跨学科学习，达到知识扩展和创新思维的培养。新农科重点瞄向绿色生态产业，推动以现代生物科技改造传统农林专业，多途径强化实践教学平台建设，创新科教结合协同育人机制，积极探索"农业＋信息"等多学科复合型人才培养新模式。

由此可见，在四新专业建设的背景下，如何针对文、理、工、农、医等不同专业在物联网、大数据和人工智能等方面的差异化需求，构建新一代信息技术深度赋能的大学计算机基础课程体系，实现计算思维＋赋能教育的培养目标，为国家战略发展和企业创新提供支撑，是当前面临的巨大挑战。

1.2.2　课程内容如何反映技术发展需求

"大学计算机"课程是高校非计算机类专业第一门计算机基础课程。由于惯性思维，部分高校的"大学计算机"课程的教学目标还是侧重于软件工具的操作培训。例如，在教学中过于注重计算机科学与技术所具有的工具属性，虽然在一段时间内、一定程度上、特定范围内有效解决了学生技能培养的需求，但过分倚重课程内容的工具性必将导致学生对计算（computing）作用的正确认知不足，导致无法有效培养学生的计算思维。尤其在人们的计算机操作能力逐步提高、中小学信息技术教育逐渐普及的情况下，以软件工具操作为主要教学内容的"大学计算机"课程必然遭受质疑。

因此，在新一代信息技术快速发展、以"互联网＋"为核心的应用模式已深入社会生活的今天，大学计算机基础课程的内容需要与时俱进。但如何实现从"单计算机系统"为核心的课程内容传授向以"互联网＋"为核心的内容传授模式的转变，如何实现培养计算思维能力的同时，加强新一代信息技术内容的广度和深度普及面临巨大挑战。

1.2.3　实践教学内容和方法如何适应学生能力递进培养需求

实践是认识的基础，对认识有决定作用。大学计算机基础课程实践性较强，通过实践教学，不仅可以帮助学生树立计算思维的观点，还能促进学生对各种信息技术的理解和应用。但现有大学计算机基础课程在实践教学内容和方法还存在一些问题，主要体现在：一方面，现行的大学计算机基础课程的实践内容以认知和验证型实验为主，实验内容的深度和广度不足，结合项目实际的设计型和创新型实验很少；另一方面，支撑大学计算机基础课程的实验环境不能紧跟新一代信息技术发展需求，难以支持学生利用物联网、云计算和人工智能等信息化手段解决实际问题。

因此，如何结合各个学校的特点，以项目和案例为驱动，从"认知、设计、创新"三个层次构建能力递进的大学计算机基础课程实践内容，采用多样化的技术方法（如工具、平台、程序、数据、仿真）开展大学计算机基础课程的实践教学面临巨大挑战。

1.2.4 教师知识结构和能力如何适应新时代人才培养需求

大学计算机基础课程教师长期主要从事教学工作，科研工作参与程度不够深入，对新技术的掌握程度还有欠缺。特别是大学计算机基础课程从"单计算机系统"向"互联网+"模式转变过程中，教师需要掌握物联网、云计算、大数据和人工智能等大量的新知识和新技能，因此，迫切需要开展新一代信息技术赋能的大学计算机基础课程教师培训，提高教师的授课能力和水平，以适应新时代教学发展需要。

此外，在很多高校，由于师资引进模式的改革和变化，大学计算机基础课程教学团队存在一定程度的弱化，教师队伍数量存在缩减情况，如何吸引新一代科研型教师参与大学计算机基础课程教学，迫切需要高校教师教学管理部门、计算机基础课程团队的依托单位高度重视，给出激励措施。

第 2 章　大学计算机基础教学的能力培养目标

大学计算机基础教学是面向大学生提供计算机知识、能力、素质方面课程的公共基础教学。大学计算机基础教学课程内容依托计算学科的知识体系和思想方法，同时又面向学生在信息化、智能化时代所需要的对数字技术的理解力和融合应用能力的培养需求。大学生通过计算机课程学习，不仅理解当今无处不在的计算系统的基本知识和思想方法，掌握与专业相关的基本的计算机融合应用能力，而且培养计算思维能力和信息素养。因此，计算思维能力培养和新技术赋能是新时代大学计算机基础教学能力培养的重要目标。

2.1　计算思维能力培养

科学思维（scientific thinking）是大脑对科学信息的加工活动。如果从人类认识世界和改造世界的思维方式出发，科学思维又可分为实证思维、逻辑思维和计算思维三种。实证思维（positive thinking）又称经验思维，是通过观察和实验获取自然规律法则的一种思维方法，以物理学科为代表。逻辑思维（logical thinking）又称理论思维，是指通过抽象概括，建立描述事物本质的概念，应用逻辑的方法探寻概念之间联系的一种思维方法，以数学学科为代表。

计算思维（computational thinking）又称构造思维，是指从具体的算法设计规范入手，通过算法过程的构造与实施来解决给定问题的一种思维方法，它以设计和构造为特征，以计算机学科为代表。计算思维是运用计算机科学的基础概念去求解问题、设计系统和理解人类行为的一系列思维活动。

计算思维能力培养可以通过在教学过程中主动设计和反复渗透计算机科学的基础核心概念而实现，如约简、递归、并行、抽象、分解、建模、冗余、容错等。由 ACM 和 IEEE 联合制定的 CC 1991 试图凝练计算机科学领域里重复出现的 12 个核心概念，并通过这种方式来表述计算机学科领域中最基本的思想和方法。这 12 个核心概念是：绑定、大问题的复杂性、概念模型和形式模型、一致性和完备性、效率、演化、抽象层次、按空间排序、按时间排序、重用、安全性、折中与结论。

教育部高等学校大学计算机课程教学指导委员会在 2016 年出版的《大学计算机基础课程教学基本要求》中总结凝练了计算学科的 42 个核心概念，并将这些核心概念分为 8 类，即计算、抽象、自动化、设计、评估、通信、协调和记忆。

（1）计算（computation）是经过一系列状态转换的运算或信息处理的过程。可计算性、计算复杂性是计算的核心。

（2）抽象（abstraction）是计算的"思维"工具，也是计算思维的特征之一。抽象隐藏了计算过程的细节，抽取共同、本质性的特征。由于抽象最终要服务于计算，因此存在不同层次的抽象。

（3）自动化（automation）是计算在计算机系统中运行过程的表现形式。什么能被（有效地）自动化以及怎么被自动化是计算机学科的根本问题。

（4）设计（design）是对一个系统、程序或者对象等利用抽象、模块化、复合、分解方法进行组织，一般包括体系结构设计和处理过程设计。一个系统的体系结构可以划分为组件以及组件之间的交互活动和它们的布局；处理过程意味着根据一系列步骤来构建一个体系结构。

（5）评估（evaluation）是对计算系统的可用性、系统性能的分析和评价，以便确定最佳的设计方案，或者发现影响系统性能的问题以进行优化。

（6）通信（communication）是指信息从一个过程或者对象可靠地传输到另一个过程或者对象。

（7）协调（coordination）是为确保多方参与的计算过程最终能够得到确切的结果而对整个过程中各步骤序列先后顺序进行的时序与交互控制。

（8）记忆（recollection）是指对数据进行有效组织。

教师需要理解这些计算学科最本质的思想和方法，以便在课程内容设计和教学过程中有重点地渗透这些思想和方法，进而将计算思维的培养贯穿在大学计算机基础教学内容中。例如，在"大学计算机"课程讲解计算机系统工作原理时，就可以渗透讲解系统"设计"方面的核心思想，如分解、复合、折中、可靠性等；在讲解操作系统基本功能时就可以渗透讲解计算"协同"方面的核心思想，如同步、并发、事件等。在"程序设计"课程中就可以深入解读"自动化"方面的核心思想，如算法、迭代、递归、随机策略，以及软件"评价"方面的核心思想，如基准（Benchmark）、瓶颈、容错、性能仿真等。

因此，计算思维可通过计算机科学基本知识和应用能力的学习得以理解和掌握。大学计算机基础教学需要通过良好的教学案例设计、教学内容组织和实践内容安排，有重点地体现计算思维的核心思想和方法。

2.2　新时代能力培养目标

随着信息社会的快速发展和计算机技术在各领域的深入应用，在新一代信息技术驱动下，新一轮世界科技革命和产业变革正在加速演进。计算机基础课程已经成为 21 世纪大学教育中的核心基础课程，是每位大学生都必须接受的课程教育。在新形势下，大学计算机基础教学需要超越传统意义上将计算机作为跨领域应用的目标，在更深层意义上作为融合创新能力和素质教育的重要内容。大学计算机基础教学是一种集知识、能力与素质培养于一体的通识教育，也是新时代培养大学生理解和掌握新一代信息技术的赋能教育。

教育部高等学校大学计算机课程教学指导委员会提出了以计算思维培养和新技术赋能的大学计算机基础教学改革方向，通过课程体系、课程内容和教学方法的改革，将人工智能、大数据、物联网、区块链等新一代信息技术融入对计算系统的理解和融合应用能力培养中，并从中实现技术赋能和养成较好的计算思维素质。也就是说，将计算思维能力培养建立在对知识理解、应用能力培养和信息素养培养等具体教学目标基础上，其中技术赋能就是实现培养目标的重要途径。

在新一代信息技术的驱动下，大学计算机基础教学的能力培养目标主要有以下几方面。

1. 计算系统的基本理解能力

理解无所不在的计算系统、网络及其他相关信息技术的基本知识和基本原理，理解信息在计算机中的表现形式。

2. 问题分析与求解能力

理解计算机分析问题、解决问题的基本方法，包括数据组织、算法策略、程序设计的基本方法；具备问题抽象、分析以及应用计算机进行问题求解的基本能力。

3. 计算技术的融合应用能力

了解人工智能、大数据、物联网、区块链等新一代信息技术，了解这些技术在所在专业中应用的典型场景，具备融合应用新一代信息技术的基本能力。对不同专业领域应用计算机解决问题的方式和方法会有所不同，典型的包括：数据组织与管理、数据表现与可视化、数据分析与智能化、科学计算、计算机控制等。

4. 信息的分析评价能力

了解以计算机技术为核心的新一代信息技术对科技革命和产业变革的推动作用，了解大数据在产业发展、社会治理中的影响和作用；熟练掌握与运用信息技术及工具，能够有效地对信息进行获取、分析、评价和发布；具有信息安全和隐私保护意识，认识并遵循信息社会的行为与道德规范。

5. 网络交流与持续学习能力

能熟练运用网络与社交平台进行交流，能够有效地表达思想，彼此传播信息、沟通知识和经验，学会信息化社会的交流与合作方法；掌握利用互联网平台学习和掌握新知识、新技术的能力，适应互联网时代的职业发展模式。

2.3　能力培养目标的实现途径

新时代大学计算机基础教学能力培养目标的实现最终是落实在一系列课程上，即计算机基础教学课程体系上。由于不同专业计算机应用的特征不同，对学生掌握计算机技术、方法和工具的需求也存在差异。通常认为，新时代大学计算机基础课程体系应该是：①具有弹性和柔性，可适应不同层次学校和不同专业的大学计算机基础教学要求，便于实现分类分层次教学；②可以对专业四年教学形成全程支撑，"四年不断线"，而不仅仅是大学一、二年级的课程，这样才具有更强的渗透性和更深入的应用支撑。

为了更好帮助高校设计适合本校特点的大学计算机基础课程体系，教指委《基要要求》工作小组从达成各类培养能力目标所涉及的知识体系着手，梳理知识体系各领域相关的知识单元内容（见第 3 章），并在此基础上分析相应的课程体系设计（见第 4 章）。

2.3.1　能力培养与知识体系

结合大学计算机基础教学五个方面的培养目标，将大学计算机基础教学中所涉及的知识内容划分为：平台与计算、程序与算法、数据与智能、信息与社会四个领域，涉及复杂系统的理解能力、问题求解能力、数据技术应用能力、社会责任判断能力、可持续发展能力等层面的内容（见表 2-1）。基于这些知识体系内容的学习和训练，不仅支撑大学计算机基础教学能力培养目标的实现，而且也支撑联合国教科文组织提出的大学生主要任务（学会做事、学会做人、学会合作、学会学习）的实现。

表 2-1　能力培养目标、知识体系（相关知识领域）、大学生主要任务的对应关系

	能力培养目标	相关知识领域	培养重点	大学生主要任务
1	计算系统的基本理解能力	平台与计算	复杂系统的理解能力	学会学习
2	问题分析和求解能力	程序与算法	问题求解能力	学会做事
3	计算技术的融合应用能力	数据与智能	数据技术应用能力、系统设计与分析能力等	学会做事、学会合作
4	信息的分析评价能力	信息与社会	社会责任与判断能力	学会做人
5	网络交流与持续学习能力	所有领域	可持续发展能力	所有任务

2.3.2 能力培养与课程体系

大学计算机基础教学能力培养目标的实现最终要落实在不同的课程中。由于不同专业会有不同的计算机基础教学需求，同时这些需求需要分阶段实现，因此，高校要落实大学计算机基础教学培养目标，就需要根据所在高校的特点设计相应的课程体系。

课程体系是对上述知识体系内容的组织，不同高校会有不同的组织方法，因而有不同的课程体系。第3章中所列的知识体系是大学计算机基础教学中会涉及的知识内容，是一个"全集"。高校课程体系所涉及的内容不可能也没有必要覆盖知识体系中所有的知识单元，而应该结合本校学生培养目标和特点，开设相应的课程，覆盖其中的部分知识单元。尽管高校可以有不同的课程体系，无法整齐划一，但整体上可以把课程分为通识型、技术型和交叉型三类（见第4章），这样便于寻求共性和合作建设。

为了方便判断知识单元学习需要掌握的深度，第3章将知识单元分为基础知识点、扩展知识点两种类型。一般来说，通识型课程会包含更多的基础知识点部分的内容，技术型和交叉型课程会包含更多的扩展知识点内容。尽管不同的课程体系会覆盖不同的知识单元，但课程体系所要求学习的课程应能够覆盖知识体系中50%以上的基础知识点和20%以上拓展知识点。

附录列举了部分典型课程的教学内容案例，并列举部分典型高校的课程体系方案，供各高校设计课程体系时参考。

课程建设是落实大学计算机基础课程体系、保证大学计算机基础教学质量的重要环节。课程建设主要涉及课程内容建设、实践内容建设、教学方法改革以及课程思政建设等。

新时代大学计算机基础教学课程内容建设方面，重点需要抓好以下四件事。

1. 内容体系和教学方法研究

研究通识型计算机课程的内容体系和教学方法，突出计算思维能力培养，是当前计算机基础教学课程内容建设的一大重点。一般来说，大学计算机基础教学课程体系中，有一门通识型课程，作为大学计算机基础教学的入门课程，也是介绍计算机基本原理和方法的课程。该课程除加强计算思维能力培养外，还需要适度引入新技术及其影响方面的内容，加深学生对新技术、新业态、新模式的理解。这类课程可以以深度优先方式组织教学内容，例如集中于问题求解或者数据分析这条主线，缩小知识覆盖面，加强内容深度；或者以广度优先方式组织内容，给学生有关系统基础等相对比较全面的介绍。

2. 技术型课程建设

建设一批反映计算机新技术（如大数据、人工智能、物联网）和新产业需求的技术基础型课程，使学生更好地了解和掌握计算机新技术，是当前计算机基础教学课程内容建设的重点任务之一。传统的计算机技术基础课程有：程序设计基础、数据库技术基础、网络技术基础、多媒体技术基础等。随着大数据、人工智能、物联网等新技术的涌现以及逐步推广应用，需要开设一批围绕新时代人才培养需求的新技术基础课程，如人工智能、大数据技术、虚拟现实、物联网技术等方面的课程。需要针对新工科、新农科、新医科和新文科建设的需求，在课程内容、教学案例、实践内容等方面进行专门设计，不能简单照搬计算机专业课程。

3. 交叉型课程建设

研究建设一批与专业更好融合的交叉型课程，强化新技术融合创新能力和工程实践能力培养，也是当前计算机基础教学课程内容建设的重点任务之一。具体来说，应结合四新专业特点，以支持新工科、新农科、新医科、新文科专业建设为目标，重视交叉型课程（也称交叉融合型课程）建设。根据信息技术的使能潜力和交叉融合的威力，探索开设一批交叉型课程，如智能系统基础、信息产品设计、工业互联网、智慧农业、智能医学、商业智能等方面的基础课程。

4. 课程思政建设

课程思政建设是当前计算机基础教学课程内容建设的重要改革任务。需要研究探索在课程教学中有机融入恰当思政元素的课程思政新方法，结合立德树人要求，加强课程思政建设。要结合不同课程特点、思维方法和价值理念，深入挖掘课程思政元素，有机融入课程教学，达到润物无声的育人效果。要在课程教学中把马克思主义立场观点方法的教育、习近平新时代中国特色社会主义思想的教育与科学精神的培养结合起来，提高学生正确认识问题、分析问题和解决问题的能力。

5. 实践内容建设与教学方法改革

课程建设还要重视实践内容建设和教学方法的改革，培养交叉融合能力。面向非计算机专业的课程要避免成为计算机专业课程的知识浓缩，应该是通过提炼的案例以及项目实践，使学生能较快地理解相关技术的应用背景和内涵，并通过动手实践深入理解相应的思想方法，不必过分追求知识的覆盖广度。学生通过基于问题或者项目的动手实践，不仅可以进一步理解相应的课程内容，而且可以通过熟悉相关的工具和平台，为今后更深入的专业应用打下基础。因此，选择合适的实践内容和良好的实践平台让非计算机专业的学生能够以较快的方式投入实践非常关键。相应地，教师需要积极推进教学方法改革，树立以学生为中心的教学理念，充分发挥学生的学习积极性和主动性，积极探索问题引导的教学、研究性学习、翻转课堂、基于项目的学习、协同学习等合适的教学方法。

应充分发挥产学合作的作用，推进实践内容建设和教学方法改革。例如，借助教育部产学合作协同育人项目，在数字化教学资源、实践案例、实验平台和经费上获得产业界的支持。另外，可以积极运用在线课程建设成果，推进 MOOC 和 SPOC 的应用，实施翻转课堂，加强学生交流研讨，加强动手实践，加强自主学习的能力培养。

一种值得借鉴的课程内容和实践内容建设方法是：打破传统课程内容组织方式，将原来属于不同课程的教学内容整合在一起，例如将程序设计能力培养和新技术应用融合在一起。

第 3 章　大学计算机基础教学的知识体系

3.1　知识体系的设置思路

2006 年发布的《关于进一步加强高等学校计算机基础教学的意见暨计算机基础课程教学基本要求》提出了"4 个领域 × 3 个层次"的教学内容知识体系总体架构，并在 2009 年进行了修订完善。4 个领域即"系统平台与计算环境""算法基础与程序设计""数据管理与信息处理"和"系统开发与行业应用"；3 个层次是"概念与基础""技术与方法"和"综合与应用"，为高校各类专业设计有特色的大学计算机基础课程提供了充足的空间。

2016 年发布的《大学计算机基础课程教学基本要求》将大学计算机基础教学的知识领域由 4 个领域调整为 3 个领域，即"系统平台与计算环境""算法基础与程序开发"和"数据管理与信息处理"。每个知识领域又包含 3~4 个知识子领域。在该版本的知识体系中，将计算思维能力培养作为重点落实对象。

近年来，以物联网、云计算、大数据、人工智能和区块链为代表的新一代信息技术快速发展，并与各类专业不断交叉融合，由此涌现了新工科、新文科、新医科和新农科"四新"专业体系。在新的形势下，大学计算机基础教学要求需要与时俱进，守正创新，不仅强化对学生计算思维能力的培养，同时推进物联网、大数据和人工智能等新技术的普及。因此，在新的形势下，大学计算机基础教学的知识体系进行适当调整，从 3 个知识领域调整为 4 个知识领域，即"信息与社会""平台与计算""程序与算法"和"数据与智能"。

3.2　知识领域、知识单元与知识点

大学计算机基础教学的知识体系共设置 4 个知识领域，17 个知识单元，77 个基础知识点和 76 个拓展知识点。如表 3-1 所示。

一般来说，基础知识点的学习通过"大学计算机"课程完成，而拓展知识点的学习通过"程序设计""物联网""大数据""人工智能"等技术型课程完成。

表 3-1　大学计算机基础教学知识体系的知识领域、知识单元和知识点

知识领域	知识单元	基础知识点	扩展知识点
信息与社会 IS	IS1 信息与编码	信息与数据，数制及转换，字符编码，字形编码	语音编码，图像编码，信息压缩
	IS2 信息伦理与法律	信息法律与法规，网络道德与行为规范，数字版权	开源规范，隐私权利
	IS3 信息技术与社会变革	新一代信息技术，数字经济，数字社会	数字金融，电子商务，智慧医疗，智慧农业，工业 4.0，区块链 +，智能制造
	IS4 信息安全与隐私保护	黑客与计算机犯罪，病毒与入侵检测，数据加密与解密，身份认证与访问控制	数字签名，网络安全，数据隐私，身份隐私
平台与计算 PC	PC1 计算模式	图灵机，冯·诺依曼结构	并行计算，分布式计算，云计算，边缘计算，量子计算
	PC2 计算系统	算术运算与逻辑运算，计算机组成，计算机工作原理，系统软件与应用软件，操作系统	汇编与接口，嵌入式系统，并行计算系统
	PC3 互联网	网络体系结构，网络协议，网络设备，局域网与广域网，网络服务模式，移动互联网	无线网络，网络管理，Web 编程技术，移动应用开发技术，路由与交换
	PC4 物联网	物联网体系结构，条形码，RFID 技术，空间定位技术	传感器，"物联网 +"应用，信息物理系统
	PC5 云计算	云计算服务模式，云存储，虚拟化	云计算体系结构，云计算资源管理，云平台应用
程序与算法 PS	PS1 程序设计	程序与程序设计语言，基本数据类型，基本控制结构，模块（函数）化程序设计，问题求解的基本过程	数据文件，复合数据类型，面向对象编程，图形界面编程，函数（类）库
	PS2 数据结构	线性表，队列，堆栈，集合，字典	二叉树，树，图

续表

知识领域	知识单元	基础知识点	扩展知识点
程序与算法 PS	PS3 算法设计与分析	算法及其描述（流程图），算法复杂性，算法设计基础（迭代、递归、穷举），常用算法（简单排序、顺序查找、二分查找），常见数值计算方法，简单字符串处理	回溯法，贪心法，分治法，动态规划，分支限界法，随机算法，计算生态运用
	PS4 软件开发与过程管理	软件工具与开发环境，软件开发模型，软件开发方法，软件测试	项目管理与质量控制，需求分析，软件设计，组件和服务，敏捷开发
数据与智能 DI	DI1 数据组织与管理	数据模型，E–R 图，关系数据库，SQL 语言，数据压缩和存储，数据安全，一、二维及多维数据	管理信息系统，分布式数据系统，数据仓库，大数据存储与管理
	DI2 数据分析与处理	数据获取，数据预处理，数据统计，信息检索，回归分析，关联分析，多媒体信息处理	多维数据分析，时间序列分析，文本数据分析，数据分析语言及工具，数据分析与决策，数据挖掘，数据清洗，数据分析行业应用
	DI3 数据呈现与可视化	数据呈现方式，常用图表设计与制作，常用可视化工具	专用可视化工具，高级可视化工具
	DI4 智能技术与系统	人工智能，标签及分类，机器学习，搜索技术，机器感知与智能化，"智能 +"系统	自然语言处理（NLP），机器人技术，计算机视觉，知识图谱，神经网络与深度学习，知识工程，机器人流程自动化（RPA）

3.3　教学要求

3.3.1　"信息与社会"的教学要求

"信息与社会"（IS）领域包括 4 个知识单元，14 个基础知识点和 16 个扩展知识点。各个知识单元的基本教学要求如下。

1. 信息与编码（IS1）

（1）理解信息和数据的概念及其二者的关系。

（2）理解数制的作用，掌握数制转换方法。

（3）理解数值中、英文字符编码方法。

（4）了解字形编码的方法和作用。

（5）理解语音编码方法及其典型格式。

（6）理解图像编码方法及其典型格式。

（7）了解信息压缩的原理和主要方法。

2. 信息伦理与法律（IS2）

（1）理解信息法律法规的基本定义与要求。

（2）理解网络道德与行为规范。

（3）掌握数字版权的特点与应用。

（4）了解开源规范，隐私权利等应用范围与规则。

3. 信息技术与社会变革（IS3）

（1）理解新一代信息技术的概念和内涵。

（2）理解数字经济的概念和内涵。

（3）理解数字社会的概念和特征。

（4）了解数字金融、电子商务、智慧农业、智慧医疗的基本概念与应用。

（5）了解工业 4.0、互联网 +、区块链 +、智能制造、的基本概念与应用。

4. 信息安全与隐私保护（IS4）

（1）知晓什么是黑客与计算机犯罪。

（2）理解计算机病毒的危害与入侵检测技术的概念。

（3）理解数据加密与解密的作用、应用场景。

（4）理解身份认证与访问控制机制。

（5）了解数字签名的概念和作用。

（6）了解网络安全的概念。

（7）了解数据隐私与身份隐私的特点与防控意识。

3.3.2 "平台与计算"的教学要求

"平台与计算"（PC）领域包括 5 个知识单元，20 个基础知识点和 19 个扩展知识点。各个知识单元的基本教学要求如下。

1. 计算模式（PC1）

（1）理解图灵机的基本思想、组成以及意义。

（2）理解冯·诺依曼计算机的结构和存储程序原理。

（3）理解并行计算、分布式计算、云计算的概念及其应用。

（4）了解边缘计算、量子计算的概念。

2. 计算系统（PC2）

（1）理解算术运算与逻辑运算的概念。

（2）理解计算机的组成及其实现方法。

（3）掌握计算机系统的工作原理。

（4）理解系统软件和应用软件的概念及作用。

（5）理解操作系统基本原理，掌握常用操作系统的使用。

（6）理解汇编的概念与接口技术。

（7）理解嵌入式系统的概念与应用。

（8）理解并行计算系统的概念与应用。

3. 互联网（PC3）

（1）了解计算机网络体系结构，知晓 ISO/OSI 参考模型。

（2）理解计算机网络协议的作用，知晓 TCP/IP 等典型协议。

（3）理解不同网络设备的不同功能和应用场景。

（4）理解局域网与广域网的概念，掌握它们的实现技术。

（5）理解 B/S 模式和 C/S 模式的异同和应用场景。

（6）理解移动互联网的概念、相关技术及应用。

（7）理解无线网络的基本概念及相关技术。

（8）掌握网络管理与维护的基本方法。

（9）掌握 Web 编程技术，包括前端开发技术、后端开发技术等。

（10）掌握移动应用相关开发工具和开发技术。

（11）理解路由与交换技术原理。

4. 物联网（PC4）

（1）理解物联网的概念、特征与体系结构。

（2）理解条形码的基本原理及一维条形码和二维条形码的典型应用。

（3）理解空间定位技术的相关原理与应用。

（4）理解射频识别（RFID）技术的基本原理及其应用方法。

（5）了解"物联网 +"的典型案例及其应用场景。

（6）了解信息物理融合系统的概念和应用。

（7）了解物联网感知的原理及其典型传感器的应用。

5. **云计算（PC5）**

（1）理解云计算服务模式。

（2）理解云存储的概念及其关键技术。

（3）理解虚拟化的概念及关键技术。

（4）理解云计算体系结构。

（5）理解云计算资源管理的基本方法。

（6）了解常用的开源云计算平台及典型应用。

3.3.3 "程序与算法"的教学要求

"程序与算法"（PS）领域包括 4 个知识单元，20 个基础知识点和 20 个扩展知识点。各个知识单元的基本教学要求如下。

1. **程序设计（PS1）**

（1）了解程序设计语言的基本知识，理解程序的概念。

（2）掌握所学程序设计语言的常用数据类型及其使用。

（3）理解结构化程序设计的基本控制结构、模块（函数）化程序设计的思想，掌握自定义函数的编写及调用。

（4）了解通过程序设计进行问题求解的基本过程，并且掌握遵循这一过程进行程序设计的能力。

（5）理解构造数据类型，掌握数据文件的读写，了解面向对象编程、图形界面编程的思想，掌握函数（类）库的使用，了解 Web 编程技术。

2. **数据结构（PS2）**

（1）了解数据结构的概念，掌握利用简单数据结构分析问题的基本能力。

（2）理解线性表、队列、堆栈、二叉树的概念和实现方法，掌握利用它们设计算法并且解决问题的能力。

（3）了解树、图等的概念，了解它们在设计算法时的应用方法。

3. **算法设计与分析（PS3）**

（1）理解算法的概念，掌握利用流程图表示算法的方法。

（2）掌握算法的复杂性概念和度量方法。

（3）理解迭代、递归、穷举的算法思想，具备利用它们设计简单程序的能力。

（4）掌握简单排序、顺序查找、二分查找等常用算法，以及常见的数值计算方法和简单字符串处理方法。

（5）了解回溯法、贪心法、分治法、动态规划、分支限界法、随机算法的基本思想，了解这些算法在问题求解中的应用。

4. 软件开发与过程管理（PS4）

（1）了解软件工具与开发环境，掌握软件开发常见模型和常用开发方法，掌握软件测试方法。

（2）了解项目管理与质量控制、需求分析、软件设计（概要设计、详细设计）、组件和服务、敏捷开发的基本思想和基本方法。

3.3.4 "数据与智能"的教学要求

"数据与智能"（DI）领域包括 4 个知识单元，23 个基础知识点和 21 个扩展知识点。各个知识单元的基本教学要求如下。

1. 数据组织与管理（DI1）

（1）理解数据模型的种类以及各类数据和模型的基本特点（如逻辑模型、物理模型），掌握 E-R 图的原理和表示方法，知晓数据库的起源与发展。

（2）理解传统数据存储管理和技术，包括关系数据库、数据仓库等，了解数据库设计、数据库管理与维护、数据库系统开发技术。

（3）理解结构化查询语言（SQL）及能力范围，了解利用 SQL 实现数据的存储和管理（如增、删、改、查等）的方法。

（4）理解多媒体数据压缩技术和多媒体存储技术。

（5）了解管理信息系统、分布式数据系统、大数据存储与管理的基本思想和方法。

2. 数据分析与处理（DI2）

（1）理解利用计算机技术与工具（如爬虫技术、ETL 技术、日志采集工具等）获取的数据需要进行清洗等预处理操作，知晓数据清洗的常用方法。

（2）理解基本数据统计分析中信息表示方法和基本分析方法与操作（中心位置、分散程度、分布程度等）。

（3）理解信息检索的方法和简单操作（如筛选、分类汇总，或利用简单工具检索）。

（4）了解数据挖掘的基本概念、技术和方法（分类、聚类，关联规则等）。

（5）了解用于数据决策支持的信息优化技术和工具（如决策树、决策支持系统等）。

（6）理解利用常用多媒体处理软件进行多媒体（音频、视频、图像、动画等）信息处理。

（7）理解基本数据分析方法（回归分析、关联分析等），知晓数据分析语言及工具，了解多维数据分析、时间序列分析、文本数据分析的思想与方法。

3. 数据呈现与可视化（DI3）

（1）理解数据呈现方式。

（2）理解常用图表类型（柱形图、折线图、饼图、条形图等）及其设计与制作。

（3）了解常用可视化工具（Excel、BI 工具、Python 库）及其应用场景。

（4）了解利用专用可视化工具及高级可视化工具可以提高可视化效果。

4. 智能技术与系统（DI4）

（1）理解人工智能及有监督／无监督学习的机器学习方法。

（2）理解标签及分类。

（3）理解搜索技术。

（4）理解机器感知与智能化。

（5）理解与本专业相关的"智能 +"系统

（6）了解 NLP 及机器人技术、机器人流程自动化（RPA）。

（7）了解计算机视觉、知识图谱、知识工程、神经网络与深度学习等基本思想与方法。

第4章 大学计算机基础教学的课程体系

4.1 课程体系发展脉络

随着计算机技术日新月异的变化和对国力竞争、产业变革和社会生活的影响力不断提升，计算机基础教学从无到有、由点到面扩大，从少数理工专业率先实践，发展到所有高校的非计算机专业普遍开设相关课程。在早期（20世纪80年代），大学计算机基础教学没有专门的课程体系，计算机基础课程主要以程序设计类课程为主。自1997年教育部关于加强计算机基础教学工作的指导性文件（简称155号文件）发布后，我国高校计算机基础教学课程体系才开始形成，经历了"3个层次"课程体系到"1+X"课程体系的演变。

1. "三个层次"课程体系

1997年，《加强工科非计算机专业计算机基础教学工作的几点意见》明确了计算机基础教学在大学教育中的重要地位，并提出了计算机基础教学三个层次的课程体系，即计算机文化基础、计算机技术基础和计算机应用基础。

在这种分层教学课程体系的指导下，各校根据自己的情况选择层次结构并确定课程方案。经过数年的发展，形成了一种比较典型的课程方案，即"3个层次五门课"：第1层次的"计算机文化基础"课程；第2层次的"计算机软件技术基础"和"计算机硬件技术基础"课程；第3层次的"计算机信息管理基础"和"计算机辅助设计基础"课程。

2. "1+X"课程体系

2006年，教育部高等学校计算机科与技术教学指导委员会非计算机专业计算机基础课程教学指导分委员会提出在新形势下进一步加强高校计算机基础教学的意见，即《关于进一步加强高等学校计算机基础教学的意见暨计算机基础课程教学基本要求》（简称"白皮书"）。白皮书提出了"1 + X"的课程方案，即1门"大学计算机基础"（必修）加上几门重点课程（必修或选修）。"1+X"课程体系提出开设一门具有大学水准的基础性课程（故名"大学计算机基础"），使学生能在一个较高的层次上认识计算机和应用计算机。

2009年，教育部高等学校计算机基础课程教学指导委员会在2006年《白皮书》的基础上，发布了《高等学校计算机基础教学发展战略研究报告暨计算机基础课程教学基本要求》（简称《基础要求》）。《基础要求》进一步针对"1+X"的课程设置方案提出了核心课程的基本要求，并针对不同的学科门类，给出了基于"1+X"体系的核心课程组成：

- 理工类：大学计算机基础、程序设计基础、微机原理与接口技术、数据库技术及应用、多媒体技术及应用、计算机网络技术及应用。
- 医药类：大学计算机基础、程序设计基础、数据库技术及应用、多媒体技术及其在医学中应用、医学成像及处理技术、医学信息分析与决策。
- 农林类：大学计算机基础、程序设计基础、数据库技术及应用、计算机网络技术及应用、数字农（林）业技术基础、农（林）业信息技术应用。

4.2 "宽、专、融"课程体系

随着计算机技术在经济与社会各个领域中的应用越来越深入，融合创新特性越来越强，在大学计算机基础教学中培养计算机技术应用能力和计算思维能力的要求更加强烈。简单、统一的计算机基础课程体系已经无法应对不同类别专业和不同层次学校的需求。因此，构建柔性、可支撑分类分层次计算机基础教学的课程体系就成了必然要求。

针对新时代人才培养的需求，结合面向的对象群体、教学目标和内容，我们可以将大学计算机基础教学中的课程大致分为以下三类。

（1）面向基本素养培养的通识型课程。这类课程没有明显的专业指向性，重点培养计算机基础教学中的基本知识、基本原理，包括计算机系统有关的基础知识、计算机基本应用技能、程序设计基本方法、信息技术与社会发展等。这些课程往往作为入门课程以及必修课程，典型的有：大学计算机（或大学计算机基础），以及重点加强某些方面内容的课程：大学计算机（问题求解）、大学计算机（数据分析）、大学计算机（人工智能）等。这类课程一般为通识类或者公共基础类必修课，由计算机基础教学部门教师开设。

（2）作为计算机应用基础的技术型课程。这些课程有比较明显的专业指向性，同时具有很大范围的专业覆盖性，重点根据计算机技术在专业领域中的应用特点，使学生掌握某一方面的计算机技术能力，为今后的专业应用打下基础。典型的课程有：程序设计（C、C++、Python、Java）、数据库技术与应用、多媒体技术与应用、计算机网络与应用以及新技术方面课程（如人工智能导论、物联网技术应用基础、大数据技术应用基础等）。这些课程一般是面向全校各专业开设的通识类或者公共基础类课程，要求学生至少必修其中一门课程，由计算机基础教学部门或者计算机学院相关教师开设。

（3）计算机技术与专业结合的基础性交叉型课程。这些课程将计算机技术与专业应用直接结合，从专业需求角度展现计算机应用的技术和方法，具有比较明显的专业特征。典型课程有：信息产品设计、工业互联网、商务智能、大数据金融、智能医学、智慧农业等。这类课程一般作为专业基础性或专业方向性选修课程，由专业学院教师、计算机学院教师或者双方联合开设。

目前，大多数大学计算机基础教学部门教师承担的课程主要集中在通识型课程和部分技术型课程，以及较少的交叉型课程。

基于上述三种类型课程构建课程体系的思路，教指委提出"宽、专、融"课程体系建设方案，在通识教育、技术基础、学科交叉等不同层面实现面向非计算机专业的计算机基础教学任务。"宽、专、融"课程体系不是刚性、由固定课程构成的课程体系，而是由三类课程组成有机关联的、具有层次的课程体系。各高校可根据人才培养的定位和学生基础，设计各个类别具体的课程，以满足不同专业类别的需求，更好地实现交叉融合，支撑计算机基础教学课程在大学四年教学中的全程渗透。

1. 宽：通识型课程

该类课程一般作为各专业的必修课程，包含计算机软硬件基础知识、计算机网络基础、操作系统基本知识、程序设计与算法基础等方面的内容。新时代通识型课程的建设要注意新技术的渗透，使学生能初步了解人工智能、大数据等新技术。不同学校在教学中会有不同的教学侧重点和内容组织，典型的内容组织模式有（具体内容见 4.3）如下几类。

（1）通识基本型。基于宽度优先教学设计原则，涉及知识内容广，可在原有"大学计算机基础"课程内容上适当裁减和组织，并在案例与教学方法上有所突破。

（2）问题求解型。基于深度优先教学设计原则，在介绍计算机系统基本原理的基础上，重点培养基于算法和程序设计的问题求解基本方法和能力。

（3）数据分析型。基于深度优先教学设计原则，在介绍计算机系统基本原理的基础上，重点培养数据分析的基本方法和能力，包括数据表示、分析和可视化等方面的基本概念、方法和工具。

（4）人工智能型。基于深度优先教学设计原则，在介绍计算机系统基本原理的基础上，重点培养对人工智能基本概念、基本方法的理解，以及了解基于人工智能开发工具的应用开发方法。

2. 专：技术型课程

该类课程是适应不同类别专业需求的计算机技术基础课程，要求学生深入理解和掌握计算机基本方法，培养其掌握应用计算机技术分析解决问题的能力。传统典型的技术型课程有：程序设计基础、数据库技术与应用、多媒体技术与应用、计算机网络技术与应用。

随着人工智能、大数据、物联网、云计算、区块链等新一代信息技术的发展，需要新设置一批反映新技术以及应用的技术型课程，例如：大数据技术应用基础、人工智能导论、虚拟现实应用基础、物联网应用基础、计算机安全基础、区块链技术基础等。

3. 融：交叉型课程

该类课程以相关专业内容为背景，将计算机技术与专业应用结合，可以是专业计算机应用的概论性课程，也可以是深入应用的技术基础课程。例如：信息产品设计基础、工业互联网、智能系统基础、商务智能、大数据金融、智能医学、数字农业技术基础、智慧农业等。

为了帮助各高校更好地落地实施新时代大学生计算机基础课程体系和课程建设，附录 A 给出了部分高校正在实施的课程体系，4.3 节给出了通识型课程"大学计算机"的 4 种典型课程建设方案，附录 B 和附录 C 分别给出了技术型课程和交叉融合型课程典型案例。需要说明的是，这些典型方案和典型案例仅起示范作用，鼓励相关教师在此基础上开展更加丰富和更有创造性的探索。

4.3 "大学计算机"课程建设方案

近年来，"大学计算机"作为通识型（公共基础类）课程的观点逐步得到教育行政部门与高校的重视，其教学内容也正在实现由"基于知识的技能传授"向"基于应用的思维能力培养"的转变。

就目前情况看，已有部分高校已经从学校层面将"大学计算机"课程列入跟"大学数学""大学物理"同等重要的公共基础课程，也有部分高校将"大学计算机"课程列入"学校通识类课程"，但是还有相当一部分高校对于"大学计算机"的课程定位认识模糊，将其列为选修课。

各类高校应该高度重视大学计算机基础系列课程在非计算机专业人才培养中的重要作用，至少开设一门必修的大学计算机基础课程，并建议将其设置为跟"大学数学""大学物理"同等重要的公共基础课程，保证不少于 2 个学分（32 学时）。

下面根据不同学校、专业的差异化要求，结合新时代大学计算机基础教学需求，给出了第一门"大学计算机"课程的四个版本的建设方案，每个方案均包括教学目标、教学内容和教学要求等，供各高校参考使用。

4.3.1 大学计算机（通识基本型）

教学目标：培养非计算机类专业学生的计算思维和应用信息技术解决问题的能力。具体包括：拓宽学生的计算机的基础知识面，涉及计算机的基本原理、技术和方法，以及新一代信息技术的内容；提高计算机基本使用技能和应用能力，包括常用软件的使用、数据处理能力、网络能力、信息安全意识；培养程序设计思想，具备算法基础；应用计算机、信息技术解决专业问题的意识和能力。

课程思政目标：以计算机技术为核心的 IT 技术是被西方国家遏制、打压的主要领域，所以该课程也是进行爱国主义教育的理想课程，应通过课程内容设置及相应的教学方法，激发大学生的民族自豪感，激励大学生刻苦学习；在软件教学时，进行软件知识产权教学，建立版权意识；在网络技术教学中，强化网络道德，教育学生做讲道德的大学生。

建议学时： 32 学时，必修。

课程对象： 非计算机类专业学生。

课程特点： 本课程吸纳了国内外最新的教学研究成果，兼顾了初学计算机的学生，反映了当代计算机学科的最新成就，具有厚实的课程内容体系，为学习后续计算机基础课程夯实基础。

建议的教学内容与教学要求如表 4-1 所示。

表 4-1   大学计算机（通识基本型）建议的教学内容与教学要求

知识领域	知识单元	知识点	教学要求
信息与社会 IS	IS1 信息与编码	信息与数据，数制及转换，字符编码，字形编码，语音编码，图像编码，信息压缩	了解信息与数据的概念，理解数制及其转换方法，理解字符、字形编码方法，了解声音、图像的编码方法，了解信息压缩的思想，掌握信息压缩软件的使用
	IS2 信息伦理与法律	信息法律与法规，网络道德与行为规范，数字版权，开源规范	了解信息法律与法规，了解网络道德与行为规范，了解数字版权，了解开源规范
	IS3 信息技术与社会变革	新一代信息技术，数字经济，数字社会	了解新一代信息技术，了解数字经济、数字社会、数字生态等概念
	IS4 信息安全与隐私保护	黑客与计算机犯罪，病毒与入侵检测，数据加密与解密，数字签名，网络安全	理解病毒和黑客的概念，了解防病毒和黑客的常用方法，了解数据加密与解密思想，理解数字签名，了解网络安全、信息安全的含义和意义
平台与计算 PC	PC1 计算模式	图灵机，冯·诺依曼结构	了解图灵机的组成及其原理，理解冯·诺依曼计算机的组成
	PC2 计算系统	算术运算与逻辑运算，计算机组成，计算机工作原理，系统软件与应用软件，操作系统	理解算术运算与逻辑运算，理解计算机组成，了解计算机工作原理；理解系统软件、应用软件的概念，了解操作系统的功能

续表

知识领域	知识单元	知识点	教学要求
平台与计算 PC	PC3 互联网	网络体系结构，网络协议，局域网与广域网，网络服务模式，移动互联网	了解网络体系结构，理解网络协议，了解局域网与广域网、网络服务模式、移动互联网等概念
	PC4 物联网	物联网体系结构，条形码，RFID 技术，空间定位技术，"物联网 +" 应用	了解物联网体系结构及其关键技术，了解"物联网 +"应用
	PC5 云计算	云计算服务模式，云存储，虚拟机	了解计算服务模式，理解云存储和虚拟机的使用
程序与算法 PS	PS1 程序设计	程序与程序设计语言，基本数据类型，基本控制结构，模块（函数）化程序设计，问题求解的基本过程，数据文件，复合数据类型，面向对象编程，函数（类）库	理解程序与程序设计语言，理解基本数据类型；理解基本控制结构，了解模块（函数）化程序设计方法，理解程序设计问题求解的基本过程，了解数据文件、复合数据类型、函数库等概念
	PS3 算法设计与分析	算法及其描述（流程图），算法复杂性，算法设计基础（迭代、穷举），常用算法，常见数值计算方法，简单字符串处理	理解算法和流程图，了解算法复杂性，理解迭代、穷举算法设计思想，了解常用算法，理解常见数值计算和简单字符串处理方法
数据与智能 DI	DI1 数据组织与管理	数据模型，关系数据库，SQL 语言，数据仓库，大数据存储与管理	理解数据模型、关系数据库，了解 SQL 语言的常用语句，了解数据仓库概念和大数据存储与管理的作用
	DI2 数据分析与处理	数据获取，数据预处理，数据统计，信息检索	理解数据获取及预处理的常用方法，了解数据统计，理解信息检索
	DI3 数据呈现与可视化	数据呈现方式，常用图表设计与制作，常用可视化工具	了解数据呈现方式，理解利用常用可视化工具进行常用图表设计与制作的方法

知识领域	知识单元	知识点	教学要求
数据与智能 DI	DI4 智能技术与系统	人工智能，机器学习，神经网络与深度学习	了解人工智能的应用领域和关键技术，了解机器学习和深度学习的思想和应用

4.3.2　大学计算机（问题求解型）

教学目标： 理解计算系统基本原理以及对社会的影响；理解计算机问题求解的基本方法和过程，包括信息表示与数据组织、算法与问题求解策略；从问题求解的角度，了解新一代信息技术的特点，包括人工智能、区块链、大数据、云计算等。

课程思政目标： 结合教学内容，深刻体会新一代信息技术在推动科技革命和产业变革中的作用，理解国家创新驱动战略的意义；了解信息技术对中国经济发展和数字经济建设的重要意义，激发爱国热情；通过大作业以及课堂报告等方式，培养探索精神以及沟通、表达能力。

建议学时： 32 学时，必修。

课程对象： 各专业学生，特别是理工科类专业。

课程特点： ①强调案例，通过案例引入问题求解的基本方法；强调与新技术的结合：从问题求解的基本特点出发，引申出相应的新技术，例如：从问题求解的搜索方法引申出人工智能，从数据组织方法引申出区块链，从调度类问题的求解引申出云计算等；②强调实践，尽量通过实践加强对基本思想方法的理解，例如带有程序性质的验证性实验。

建议的教学内容与教学要求如表 4-2 所示。

表 4-2　大学计算机（问题求解型）建议的教学内容与教学要求

知识领域	知识单元	知识点	教学要求
信息与社会 IS	IS1 信息与编码	信息与数据，数制及转换，字符编码，字形编码，语音编码，图像编码，信息压缩	了解信息与数据的概念，理解数值、字符、图像等在计算机中的编码方法，理解数制与进制转换方法，了解信息编码压缩
	IS4 信息伦理与法律	开源规范	了解软件开源的概念与意义

续表

知识领域	知识单元	知识点	教学要求
信息与社会 IS	IS3 信息技术与社会变革	新一代信息技术，数字经济，数字社会，电子商务，智能制造	了解新一代信息技术对经济与社会发展的影响
	IS2 信息安全与隐私保护	数据加密与解密、网络安全	了解数字加密与解密的概念，了解网络安全的含义和意义
平台与计算 PC	PC1 计算模式	图灵机，冯·诺依曼结构	了解图灵机的基本原理，了解冯·诺依曼结构的思想
	PC2 计算系统	算术与逻辑运算，计算机组成，计算机工作原理，系统软件与应用软件，操作系统	了解计算机的组成以及基本工作原理，了解系统软件与应用软件的区别，了解操作系统的基本功能
	PC3 互联网	网络体系结构，网络协议，路由与交换，局域网与广域网，网络服务模式，移动互联网	了解计算机网络的基本概念，包括：网络体系结构、协议、路由与交换、局域网、移动互联网
	PC4 物联网	"物联网+"应用	了解物联网的概念以及典型应用
	PC5 云计算	云计算服务模式，云存储，虚拟化	了解云计算及其服务模式，了解数据中心、虚拟化等概念
程序与算法 PS	PS1 程序设计	程序与程序设计语言，基本数据类型，基本控制结构，模块（函数）化程序设计，问题求解的基本过程，复合数据类型，函数（类）库	理解程序的概念与程序设计语言的作用，理解基本数据类型及其应用，理解并掌握基本控制结构，了解模块化程序设计方法，理解程序设计问题求解的基本过程，了解复合数据类型和函数（类）库的概念和作用
	PS2 数据结构	线性表，堆栈，树，图	了解线性表、树、图抽象数据类型，理解堆栈的特点和基本操作

续表

知识领域	知识单元	知识点	教学要求
程序与算法 PS	PS3 算法设计与分析	算法及其描述（流程图），算法复杂性，算法设计基础（迭代、递归、穷举），常用算法（简单排序、顺序查找、二分查找），常见数值计算方法，贪心法，分治法，随机算法等	了解算法的描述方法，了解算法复杂性概念，理解迭代、递归、穷举等基本算法思想，理解算法设计的基本方法，如贪心法、分治法、随机算法，掌握常用算法，包括：简单排序、顺序查找、二分查找，理解典型的近似数值计算方法，如求平方根、积分等
	PS4 软件开发与过程管理	软件工具与开发环境，软件开发方法，软件测试	了解软件工具与开发环境的作用，了解软件开发的基本过程和软件测试概念
数据与智能 DI	DI1 数据组织与管理	数据仓库，大数据存储与管理	了解数据仓库的概念与作用，了解大数据存储与管理的含义
	DI2 数据分析与处理	数据获取，数据预处理，数据统计，数据挖掘，数据分析行业应用	了解数据预处理，了解数据挖掘的基本过程；了解数据分析的典型应用
	DI4 智能技术与系统	搜索技术，机器学习，自然语言处理（NLP），计算机视觉，深度学习	了解问题求解的搜索方法，了解机器学习概念和典型应用，了解深度学习的基本思想和在计算机视觉和自然语言理解中的应用

4.3.3　大学计算机（数据分析型）

教学目标：理解计算系统的基本原理以及对社会的影响；理解计算机问题求解的基本方法和过程，在介绍计算机原理的基础上，从数据分析的角度，掌握数据分析的基本方法和能力，包括数据表示、分析和可视化等方面的基本概念、方法和工具，并初步了解人工智能、大数据等新技术。

课程思政目标：结合课程教学内容，了解信息技术特别是大数据、人工智能等新技术在推动科技创新及产业变革中的作用；了解信息技术对国家社会及经济发展的影响，激发学生以国家及学科需求为出发点，勇于创新、不断进取的精神；通过对数据分析思维及方法的理解及其领域应用，培养解决问题的能力及勇于探索的精神。

建议学时：32 学时，必修。

课程对象：各专业学生，特别是非理工类专业。

课程特点：①注重需求引导，通过常见或与专业结合的案例，引入数据处理和分析的基本知识和实现技术；②注重方法应用与思维培养相结合；③注重知识体系的系统性和实践能力培养，教学内容涵盖数据分析的整个流程。

建议的教学内容与教学要求如表 4-3 所示。

表 4-3　大学计算机（数据分析型）建议的教学内容与教学要求

知识领域	知识单元	知识点	教学要求
信息与社会 IS	IS1 信息与编码	信息与数据，数制及转换，字符编码，字形编码，图像编码	了解信息与数据的概念，理解数值、字符、图像等在计算机中的编码方法，掌握数制与进制转换方法
	IS2 信息伦理与法律	信息法律与法规，数字版权，隐私权利	了解信息相关法律与法规，了解数字版权及隐私权利相关概念
	IS3 信息技术与社会变革	新一代信息技术，数字社会，电子商务，智慧医疗	了解新一代信息技术对社会、经济发展及健康中国的影响
	IS4 信息安全与隐私保护	数据加密与解密，身份认证与访问控制，数据隐私，身份隐私	了解数字加密与解密的概念，了解身份认证、数据隐私的含义，了解访问控制的作用及意义
平台与计算 PC	PC1 计算模式	图灵机，冯·诺依曼结构，云计算	了解图灵机的基本原理和冯·诺依曼结构，了解云计算的基本概念
	PC2 计算系统	算术运算与逻辑运算，计算机组成，计算机工作原理，系统软件与应用软件，操作系统	了解计算机的组成及基本工作原理，了解系统软件与应用软件的区别，了解操作系统的基本功能
	PC3 互联网	网络体系结构，网络协议，路由与交换，局域网与广域网，移动互联网	了解网络体系结构、协议、路由与交换、局域网、移动互联网等网络基本概念
	PC4 物联网	物联网体系结构，传感器	了解物联网的体系结构，理解基于各类传感器的数据采集方法
	PC5 云计算	云计算服务模式，云存储	了解云计算及其服务模式，了解云存储数据中心等概念和方法

续表

知识领域	知识单元	知识点	教学要求
程序与算法 PS	PS1 程序设计	基本数据类型，数据文件，复合数据类型	理解基本数据类型与应用，理解数据文件的构成及调用，了解复合数据类型的概念和作用
	PS2 数据结构	线性表，队列，二叉树	掌握线性表、队列、二叉树数据类型，理解堆栈的特点和基本操作
数据与智能 DI	DI1 数据组织与管理	数据模型，E–R 图，关系数据库，管理信息系统，分布式数据系统，大数据存储与管理	理解数据模型的概念及类型，了解 E–R 图和关系数据库的概念与作用，了解管理信息系统和分布式系统的概念和组成，了解大数据存储与管理的概念
	DI2 数据分析与处理	数据获取，数据预处理，数据统计，信息检索，数据挖掘，数据分析与决策，多媒体信息处理，文本数据分析，数据分析语言及工具，数据分析行业应用	了解数据获取及预处理过程，掌握常用数据统计方法，了解信息检索和数据挖掘的基本过程，掌握常用数据分析与决策方法；理解多媒体信息处理和文本数据分析的基本方法，了解常用数据分析语言及工具，了解数据分析的典型应用
	DI3 数据呈现与可视化	数据呈现方式，常用图表设计与制作，常用可视化工具	掌握常用数据呈现方式，了解常用图表设计与制作方法，了解常用可视化工具
	DI4 智能技术与系统	机器学习	了解机器学习概念和典型应用

4.3.4　大学计算机（人工智能型）

教学目标：理解计算系统基本原理以及对社会的影响；理解新一代人工智能的突破和应用对推动形成第四次工业革命的贡献；理解人工智能的基本方法和过程，包括：信息表示与数据组织，知识获取与处理，算法与问题求解策略；从技术和应用的角度，了解人工智能求解问题的模式和特点，包括搜索技术、机器学习、机器人技术、大数据、云计算等。

课程思政目标：结合教学内容，理解在新一轮科技革命和产业变革中人工智能的带头作用，以及其在经济发展、社会进步、全球治理等方面产生重大而深远的影响；在国家战略、中国特色、奋斗精神、科学伦理教育等方面挖掘思政元素；将思政融入课堂授课、案例研讨、作业和课程报告等环节，体现科学思维方法，提高学生正确认识问题、分析问题和解决问题的能力。

建议学时： 32学时，必修。

课程对象： 各专业学生，特别是理工科类专业。

课程特点： ①强调案例：通过案例引入人工智能的基本方法和应用领域；②强调基础与技术的结合：人工智能是自然科学、社会科学、技术科学三向交叉学科，从学科基础理论的发展，延伸出相应的人工智能技术，例如：基于逻辑和符号系统的知识工程，基于控制理论的计算智能，基于统计学理论的数据科学与大数据技术，基于优化和博弈论的现代搜索技术等；③强调实践：尽量通过实践加强对基本思想方法的理解，例如：使用电子表格完成数据分类与预测，学习Python语言和使用人工智能开发库完成简单模式识别问题等。

建议的教学内容与教学要求如表4-4所示。

表4-4 大学计算机（人工智能型）建议的教学内容与教学要求

知识领域	知识单元	知识点	教学要求
信息与社会 IS	IS1 信息与编码	信息与数据，数制及转换，字符编码，字形编码，语音编码，图像编码	了解信息与数据的概念，理解字符、图像等在计算机中的编码方法，理解数制与进制转换方法
	IS2 信息伦理与法律	信息法律与法规，数字版权，开源规范	了解信息法律、法规和行为规范，了解软件开源概念与意义
	IS3 信息技术与社会变革	新一代信息技术，数字经济，数字社会，智慧医疗，智慧农业，智能制造	了解新一代信息技术特别是人工智能对经济与社会发展的影响
	IS4 信息安全与隐私保护	数据加密与解密，网络安全	了解数字加密与解密的概念，了解网络安全的含义和意义
平台与计算 PC	PC1 计算模式	图灵机，冯·诺依曼结构，云计算	了解图灵机的基本原理，了解冯·诺依曼结构的思想，了解云计算的基本概念
	PC2 计算系统	算术运算与逻辑运算，计算机组成，计算机工作原理，系统软件与应用软件，操作系统	了解计算机的组成以及基本工作原理，了解系统软件与应用软件的区别，了解操作系统的基本功能

续表

知识领域	知识单元	知识点	教学要求
平台与计算 PC	PC3 互联网	网络体系结构，网络协议，路由与交换，局域网与广域网，网络服务模式，移动互联网	了解计算机网络的基本概念，包括：网络体系结构、协议、路由与交换、局域网、移动互联网
	PC4 物联网	物联网体系结构，条形码，"物联网＋"应用	了解物联网的体系结构，理解条形码技术以及"物联网＋"典型应用
	PC5 云计算	云计算服务模式，云存储	了解云计算及其服务模式，了解云存储的概念和方法
程序与算法 PS	PS1 程序设计	程序与程序设计语言，基本数据类型，基本控制结构，模块（函数）化程序设计，问题求解的基本过程，面向对象编程，复合数据类型，函数（类）库	理解程序的概念与程序设计语言的作用，理解基本数据类型与应用，理解并掌握基本控制结构，了解模块化程序设计方法，理解程序设计问题求解的基本过程，了解复合数据类型和函数（类）库的概念和作用
	PS2 数据结构	线性表，堆栈，树	了解线性表、堆栈、树等抽象数据类型
	PS3 算法设计与分析	算法及其描述（流程图），算法复杂性，算法设计基础（迭代、递归、穷举），常用算法（简单排序、顺序查找、二分查找）	了解算法的描述方法，了解算法复杂性概念，理解迭代、递归、穷举等基本算法思想，理解算法设计的基本方法，包括：简单排序、顺序查找、二分查找
	PS4 软件开发与过程管理	软件工具与开发环境，软件开发方法，软件测试	了解软件工具与开发环境的作用，了解软件开发的基本过程和软件测试的概念
数据与智能 DI	DI1 数据组织与管理	数据模型，关系数据库，SQL 语言，大数据存储与管理	了解数据模型、关系数据库等的概念与作用，理解大数据存储与管理的含义
	DI2 数据分析与处理	数据获取，数据预处理，数据统计，数据分析与决策，数据分析行业应用	了解数据预处理，理解数据分析与决策的基本过程，了解数据分析在典型行业的应用

续表

知识领域	知识单元	知识点	教学要求
数据与智能 DI	DI3 数据呈现与可视化	数据呈现方式，常用可视化工具，高级可视化工具	了解数据可视化的方法和工具
	DI4 智能技术与系统	搜索技术，机器人技术，机器学习，自然语言处理（NLP），计算机视觉，知识图谱，神经网络与深度学习，"智能+"系统	了解问题求解的搜索方法，理解机器学习概念和典型应用，了解深度学习的基本思想和在计算机视觉和自然语言理解中的应用

4.4 大学计算机基础教学的实践教学方案

在大学计算机基础教学中，无论是通识型课程、技术型课程还是交叉型课程，实践环节均至关重要。首先，实践是检验学生知识掌握程度的重要手段；其次，实践是加强学生能力培养的关键一环。下面给出一种包含"三梯度"能力递进的、五种差异化实施方法的实践教学方案，并结合通识型课程"大学计算机"的实践教学进行说明，供各个高校根据学校和专业特点进行参考。

4.4.1 能力递进的实践教学内容

在大学计算机基础教学中，应该注重教学、实践并举并重，相互结合，在重视理论传授的同时又需要重视实践引导。

理论教学与实践教学相辅相成，相互促进。因此，在构建课程的实践内容时，也需要遵循能力递进培养的理论教学思想。为此，建议将课程的实践内容分为三个层次，即认知型实验、设计型实验和创新型实验。

首先，在使用计算机解决问题的过程中，学生需要对计算机的基本知识有一些基本的认知，围绕这个目标构建的实验就是认知型实验；其次，在此基础上，通过设计型实验引导学生能够利用计算机解决实际的问题，解决的方法是已有的成熟方案；最后，创新型实验进一步递进，使学生能够对解决的问题进行进一步的探索和创新，运用一些创新性的方法和思路来解决问题。各层次的实验内容如下。

1. 认知型实验

认知型实验主要包括：对计算机软、硬件的基础知识的认知与理解；对常用、通用计算机软件工具的了解，并基本能够使用工具软件处理日常事务；对计算机处理数据或大数据的基础知识的基本认知和理解；对云计算、物联网、人工智能的基础知识的认知和理解；对信息化社会中的相关法律与道德规范的正确认知和理解。

2. 设计型实验

设计型实验主要是指通过建模、编程以及应用软件包（或库）解决已知问题的实验。具体来说：在程序设计方面，能够编写满足需求，质量优良的程序；在数据分析方面，能够使用计算机进行数据收集、清理、分析和呈现等，能够使用数据库系统等工具对信息进行管理与利用；在网络与互联网方面，能够通过网络获取信息、分析信息、应用信息；在和专业相结合方面，能够利用建模、编程解决专业问题，如使用典型的应用软件（包）和工具来解决本专业领域中的问题，通过建模、编程在本专业领域中进行计算，或在本专业领域进行模拟仿真；在团队协作方面，能够和团队成员进行交流表达、相互协作。

3. 创新型实验

创新型实验主要是指利用计算机技术对一些不确定的问题进行自主探索和创新，对非计算机专业而言，创新型实验一般是指使用计算机技术解决、探索专业领域的问题，包括但不限于：综合运用计算机技术设计、开发跨专业领域的应用系统；运用经典算法针对具体应用提出改进算法；在跨平台上开发移动应用，利用物联网进行数据采集，利用云计算和分布式数据库进行数据存储和分析；利用大数据和人工智能技术进行数据深度分析、智能处理和反馈控制等，利用虚拟现实（VR）、增强现实（AR）等技术构建专业领域内的虚拟仿真实验等。

4.4.2　差异化的实践教学方法

计算机实践教学的目标也是培养第 2 章提到的五种能力。在这些能力培养的过程中，需要通过计算机基础课程的实验教学来加深学生对计算机基础理论和基本原理的理解，并在与学生专业背景结合的应用实践中激发学生的计算机应用创新思维，培养学生的计算思维能力和应用创新能力。

在能力的培养过程中，重点是做到知识的活化。在知识活化的过程中，需要根据各个高校及其网络平台现有实验环境和实现手段选择合适的实践方法。对于展示计算机工作原理、网络通信原理等实验，可以重点通过虚拟仿真环境进行；对于不同难度的应用问题，可以采用软件编程、网络平台等方法进行。由此可见，在围绕 4.4.1 提出的三个层次递进的实践内容基础上，可以使用基于工具的设计与创新、基于平台的设计与应用、基于程序的设计与开发、基于数据的分析与应用、基于虚拟仿真的学习与应用五种实践教学方式来达成学生的五种能力培养要求。具体方法说明如下。

1. 基于工具的设计与创新（工具应用）

工具应用包含认知和实验两个方面。在认知方面，应该了解常用的工具软件，如电子表格软件、文档编辑软件、系统维护软件、网络软件、多媒体处理软件等。除了这些通用软件，根据专业背景，应该对本专业常用的软件有所了解。在实验方面，应该具有使用通用软件处理电子表格、编辑复杂文档、维护系统、管理网络及安全、处理音视频和图像的能力，以及熟练使用本专业常用工具软件的能力。合理使用工具软件往往可以极大地提高工作效率，达到事半功倍的效果。但工具软件种类繁多，掌握乃至精通一种工具软件需要大量实践的投入。建议应将重点放在日常学习必需的少量通用工具软件和专业软件上，对其余软件，重点了解该软件能解决什么问题、不能解决什么问题以及主要使用场合这些基本内容即可。

2. 基于平台的设计与开发（平台应用）

这里的"平台"并不是指通用的软硬件平台如 Windows 平台或 Android 平台等，而是主要指大的互联网或软件公司提供的应用开发平台或中间件。使用已有的平台开发应用可以取得事半功倍的效果。这些平台提供低代码开发能力，可以快速构建应用。

目前，国内外有许多公司提供了很好的应用设计、开发环境与平台，如问卷调查与分析平台、大数据管理和可视化平台、云计算虚拟化平台、云存储平台、图片分类和视觉认知平台等。

基于平台的设计与开发是指利用现有平台提供的编程接口和数据进行软件的设计和开发。如利用地图接口、机器学习平台、视觉分析平台、自动机器人等进行的应用设计与开发。在进行基于平台的开发与设计的实践教学时，应注意产教融合，充分利用平台公司提供的实践教学资源。

3. 基于程序的设计与开发（软件编程）

程序设计是计算机相关课程实践中的基础内容，同时也是核心内容。程序设计能力的高低直接决定了计算机应用能力的高低。在程序设计的实践能力方面，应该具有程序设计的基本能力，能够熟练运用面向过程或者面向对象的方法编制模块化的程序；能够编制可视化的程序；能够使用程序库求解问题。在创新能力上，熟悉人工智能算法，能够编制智能化程序；熟悉移动领域的架构，能够编制移动 APP。

4. 基于数据的分析与应用（数据分析）

当今社会是以信息和数据为中心的社会。使用计算机处理数据，进行数据分析是重要的实践内容。在认知能力方面，应该对数据分析和大数据分析有着基本的认知；对数据分析工具软件有基本认知；对数据分析中的数据的收集、清理、分析、呈现等各个阶段有基本的认知；对数据分析的数学统计知识有基本的认知。在实践能力方面，能够使用数据库存储数据；能够使用 SQL 语言操纵数据库；会基本的数据分析方法；能够以适当的方式呈现数据分析结果。在创新能力方面，能够进行大数据分析，如在物联网平台分析数据，能够使用并操纵分布式数据库。

5. 基于虚拟仿真的认知与实践（虚拟仿真）

有些实验本身很难通过软件编程、平台应用等开展实体实验。对应这类实验，可通过动画、虚拟现实（VR）和增强现实（AR）等进行展示，将一个系统的微观运行过程进行全景呈现，从而加强学生对相关系统的工作原理的认知和理解，如计算机的工作原理、计算机网络的数据传输过程等实验。在进行虚拟仿真实验的过程中，应该关注两个方面的内容：交互方式和过程控制。好的交互方式可以提高学生对实验原理的理解，提高真实感受；好的过程控制可以更加清晰地展示实验系统的工作过程，呈现感受更加真实的输出结果。

在设计能力方面，需要熟悉计算机输入输出接口，熟悉数 / 模转换，同时能够熟练使用行业通用软件。在创新能力方面，能够结合学生未来的专业背景，运用已有软件或者结合程序设计，开发基于 VR 或者 AR 技术的模拟仿真系统。

根据上述的"三层次能力递进"和"差异化实验方法"要求，表 4–5 从通识课层面以"大学计算机"课程为例，给出了一个实践建议方案，供各高校参考。

表 4–5 "大学计算机"课程的实验方法及其基本要求

序号	实验名称	实验方法	实验层次	对应的知识领域	基本要求
1	中文字符编码和中文字形编码	软件编程	设计型	平台与计算	理解中文字符编码规则和中文字形编码方法，能够通过点阵字符构建中文字符的十六进制编码序列
2	计算机的工作原理	虚拟仿真	认知型	平台与计算	通过 CPU 从取指令、分析指令到执行指令的过程的动态可视化，理解冯·诺依曼计算机的工作原理
3	操作系统配置与管理	工具应用	认知型	平台与计算	能够安装和配置桌面操作系统
4	计算机网络的数据封装	虚拟仿真	认知型	平台与计算	通过网络数据发送和接收过程的动态可视化，理解计算机网络的数据封装过程
5	电子邮箱的配置管理	工具应用	认知型	平台与计算	能够使用客户端软件配置和管理电子邮箱
6	一维条形码编码及其应用	软件编程	设计型	平台与计算	能够根据 EAN–13 的编码规则，使用 Python 程序设计和实现一维条形码
7	二维条形码生成及其应用	平台应用	设计型	平台与计算	能够使用网络公共平台生成二维条形码
8	Python 语言数据类型	工具应用	认知型	程序与算法	能够安装和配置 Python 软件设计环境，并进行简单的数据类型实验

续表

序号	实验名称	实验方法	实验层次	对应的知识领域	基本要求
9	分支与循环结构程序	软件编程	设计型	程序与算法	能够使用 Python 语言设计简单的功能性软件
10	贪吃蛇游戏	软件编程	创新型	程序与算法	针对功能较为复杂的应用，能够使用 Python 语言设计数据结构和算法，并实现和测试程序，如贪吃蛇游戏
11	关系数据库配置管理	工具应用	认知型	数据与智能	能够配置使用典型数据库系统
12	问卷调查设计与分析	平台应用	设计型	数据与智能	能够使用网络平台进行调查问卷的设计、发布和可视化分析
13	K-means 数据聚类算法	软件编程	设计型	数据与智能	能够使用 Python 语言设计 K-means 数据聚类算法，并进行功能和性能测试
14	基于 ECarts 的数据可视化	平台应用	认知型	数据与智能	能够使用网络上的可视化平台，针对具体数据进行可视化分析
15	分形图设计	软件编程	设计型	数据与智能	针对分形图，能够设计相关数据结构和对应生成算法，进行参数选择和性能测试
16	手写体识别	平台应用	创新型	数据与智能	理解机器学习原理，能够利用网络上的机器学习平台等实现手写体识别程序，并进行测试和应用
17	位置服务	数据分析	设计型	数据与智能	针对位置数据集，开展数据分析，为服务推荐等提供支持

第 5 章　大学计算机基础教学的质量保障体系

提高教学质量是高校办学永恒的主题。建立科学规范、严格细致、切实可行的教学质量保障体系，对促进大学计算机基础教学改革、提升课程教学质量有重要的作用。教学质量保障体系涉及课程体系、师资队伍、教学模式与方法、教学质量评价、教学环境与资源建设等方面。

5.1　加强大学计算机基础教学在人才培养中的地位

新工科、新文科、新医科、新农科建设对当代大学生应该具备的计算机知识结构与能力结构的深度、广度以及基于新一代信息技术的融合创新能力都提出了更高要求。大学计算机基础教学在实现人才培养目标中具有重要的地位和作用。各高校应围绕学校办学目标和人才培养定位将大学计算机基础课程列入学校通识教育必修课程或公共基础课程体系中。各专业应根据专业培养目标和毕业要求，确立大学计算机基础课程相应的课程体系和课程目标。

1. 课程体系设置要求

大学计算机基础课程应作为智能时代大学教育中的核心基础课程列入各专业培养计划中，不同专业的大学计算机基础课程体系设计应以专业培养目标和毕业要求为依据，确定课程体系结构，设计课程内容、教学方法和考核方式。课程体系设计应围绕立德树人根本任务，体现课程思政教育，实现全员、全程、全方位育人过程的目的。课程体系设计应保证课程内容及时更新，与行业实际发展相适应。

基于"宽、专、融"课程体系，可根据学生所属专业的不同需求，制定合适的必修和选修课程。一般要求学生应必修 1 门通识型（基础类）课程，选修 1~2 门技术型或交叉型课程，从而覆盖大学计算机基础教学知识体系的知识单元与知识点（见 3.2）中80% 以上"基础知识点"的内容和 20% 以上"扩展知识点"的内容。必修课程应纳入学校通识教育课程或公共基础课程体系中，选修课程可纳入学校公共选修课程或专业选修课程体系中。必修课学分建议为 2 ～ 4 学分，选修课学分建议每门课 2 学分及以上，其中实践教学学时与理论教学学时之比不低于 1∶2，建议在 1∶1 及以上。

2. 课程目标应体现学生能力培养

大学计算机基础课程目标应充分体现学生计算思维能力的培养和实现赋能教育，并与学校办学定位、专业培养目标和毕业要求相结合，明确学习课程后学生需要达到的知识、能力和素质方面的要求。每门课程能够实现其在课程体系中的作用，应制定相应的课程大纲并明确建立课程目标与相关毕业要求的对应关系，课程内容与教学方式能够有效实现课程目标，课程考核的方式、内容和评分标准能够针对课程目标设计，考核结果能够证明课程目标的达成情况。

大学计算机基础课程目标可以在以下几方面体现学生能力培养：①应用计算机科学与技术基础知识和语言工具进行专业问题的表述，并针对具体的对象建立计算机求解模型；②获取、评价、分析信息资源，通过研究寻求专业问题的解决方案以获得有效结论；③了解和掌握以计算机为代表的信息技术工具，对专业问题进行分析、计算与设计。

课程建设目标应在培养学生解决复杂问题的综合能力和高级思维，以及课程内容广度和深度上，突破习惯性认知模式，培养学生深度分析、大胆质疑、勇于创新的精神和能力等方面提升课程的高阶性；在教学内容前沿性与时代性、教学方法体现先进性与互动性、积极引导学生进行探究式与个性化学习等方面突出课程的创新性；在增加研究性、创新性、综合性内容，严格考核考试评价等方面增加课程的挑战度。

5.2　教学模式与方法

教学模式与方法的改革和创新是新时代大学计算机基础教学改革的重要任务。

1. 教学模式

教学模式是在一定的教育思想或理论指导下建立的典型的、稳定的教学程序或构型。要充分重视和研究互联网时代在线教育新模式，研究其教学理念、教学设计、教学规律和适应对象。经过多年的建设，大学计算机基础课程已建设了一批反映计算思维教学和赋能教育成果的国家级线上一流课程、线上线下混合式一流课程、线下一流课程，应充分利用这些课程资源并积极探索以线上线下混合式教学为代表的新教学模式，促进大学优质课程资源建设和教学模式创新。

线上线下混合式教学模式实现了碎片化时间学习和课堂翻转，将传统课堂教学和在线教学两者优势相结合。借助互动性强的网络学习平台，教师构建大量在线学习短视频并设计嵌入问题，供学生自主学习；学生课前自主学习视频内容，查找资料，通过学习社区小组讨论深化理解；课堂上师生通过面对面的课堂互动讨论，由学生汇报学习成果，老师引导、点评和为学生答疑解惑。

2. 教学方法

教学方法是与一定教学目标和任务相关的具体操作程序，它规定了教学参与者在教学任务中的角色、不同角色之间的关系以及每一角色的具体任务。大学计算机基础教学必须从以教为中心向以学为中心转换，应秉持学生中心、产出导向的理念，即教学内容设计聚焦学生能力和素质培养，教学方法有效提升学生的学习兴趣和学习效率，师资与教育资源满足学生学习效果达成。

教学方法与手段要服从于课程目标和教学内容。教师在传授知识的同时，必须注意发展学生的能力，加强学习方法与研究方法的指导，培养学生的自学能力以及实践动手能力。要重视通过教学方法的改革，培养学生解决问题的科学思维方式和分析解决问题的实践能力。例如，以"发现问题→分析问题→寻求多种解决方案→比较各种方案的优劣"的问题求解驱动式的方法来进行教学，就可以尽可能逼近解决实际问题的模式，训练学生以一种正确的思维方式去解决问题。

3. 教育大数据分析与应用

大学计算机基础课程授课对象专业面广、数量多、学生掌握程度不一，相对于其他基础课程和专业课程，大学计算机教学过程中产生的教学数据数量大、类型丰富、结构较为复杂，开展教育大数据分析和应用具有较好的基础。

通过教育大数据的挖掘和学习技术，可以探索学生认知规律，分析与预测学生学习行为，建立个性化学习模型，从而做到精准全面地分析教学信息，构建个性化学习路径和环境。

5.3   师资队伍

高素质的师资队伍是教学质量保证和实施教学改革的关键。新时代面向赋能教育的大学计算机基础教学改革对教师的教学水平提出了更高的要求。

（1）需建立一个稳定的从事大学计算机基础教学的教师团队，教师数量能满足教学需要，师资队伍年龄、职称、学历、学缘结构合理，梯队层次分明，发展趋势好。总体上讲，绝大多数主讲教师应具有硕士或更高学历，在其学习经历中至少有一个阶段是计算机类专业学历。教学辅导人员应不低于本科学历，鼓励计算机学科领域的高水平教师承担大学计算机基础教学工作。要有一支稳定的高素质实验师资队伍，包括设备维护队伍和实验教学队伍。

（2）教师具有足够的教学能力和专业水平，能够开展相关课程教学和工程实践问题研究。计算机科学技术发展迅速，学校要重视教师的培训与水平提升，关注在岗教师的业务提高，并保证一定的进修时间。学校要有支持教师参加国内外进修、访学、学术交流等活动的制度和经费保障。

（3）要重视对教师队伍的考核和管理，并制定考核制度及引入竞争机制。对从事大学计算机基础教学的教师，学校应给予必要的政策倾斜，吸引与稳定合格的教师，支持教师本身的专业发展，包括对青年教师的指导和培养。设立教学型专业技术岗位，给主要从事大学计算机基础教学的教师提供良好的职业发展通道。

（4）学校要充分重视大学计算机基础教学的改革与教学研究工作，组织教师积极申报各类教学研究和改革项目，对申报成功的教学研究和改革项目给予必要的人力、物力支持。支持教师参加各类大学计算机基础教学研讨会，鼓励教师在相关期刊和会议上发表教学研究论文。

5.4　课程质量评价与持续改进

课程质量评价是质量监控的核心。课程质量评价是指评价应体现以学生为中心，面向产出，聚焦学生的学习成效，课程内容、教学方法和考核方式必须与该课程支撑的毕业要求相匹配。评价的目的是客观判定与毕业要求指标点相关的课程目标的达成情况。大学计算机基础课程质量评价应注重以下几点。

（1）课程主要教学环节的质量要求是否明确，是否与毕业要求相关联，是否体现在课程教学大纲和相关教学管理文件中。

（2）学校和相关专业的课程质量评价机制是否建立，评价内容、依据、流程、周期和责任人是否明确。

（3）课程质量评价的组织是否规范，课程质量评价是否成为课程教学的必备环节。课程质量评价依据与结果的合理性是否有专门的机构把关和审核，该机构一般由熟悉学校基础教学和专业教学工作的专家组成，由专业责任教授负责。

（4）课程的评价数据是否能证明：①课程目标与所支撑的毕业要求指标点的对应关系合理；②课程内容、教学方法能够有效支持课程目标实现；③课程考核方式能够反映课程目标的实现情况等。

在设置课程考核方式时应考虑如下三个转变。

（1）从期末考试"一锤定音"的考核向面向学习过程的考核转变。考核应注重学习过程，逐步加大过程考核在总分中所占比重。

（2）从知识的考核向能力的考核转变。大学计算机基础教学及计算思维培养的根本目的是培养求解问题、设计系统和理解人类行为的能力，而目前的考核形式大多侧重对于知识点的掌握情况，缺乏问题驱动、场景导向的开放式的能力测试，故需要转变考核方式，建立科学的课程评价方法。课程考核需要促使学生在知识理解、应用、分析、综合和评估等层次上达到更高层次的目标。

（3）采用多元化的考核方法。大学计算机基础课程内容体系的复杂性和实践性决定了考核形式应采用多元化的形式。可以根据课程性质灵活设置考核形式，丰富探究式、论文式、报告答辩式等作业评价方式，加强非标准化、综合性等评价，评价手段恰当必要，契合相对应的人才培养类型。

学校、专业和课程团队应依据上述课程质量评价的结果，发现课程教学实施过程中存在的问题，及时反馈给相关责任人，对课程体系设置、能力达成指标、课程及教学过程、评估和评价机制等方面进行科学化、系统化、持续化的改进，并对改进的情况进行跟踪检查。

5.5　教学环境与资源建设

教学环境与资源是确保教学有效开展的两个关键环节。学校在人力、物力、财力等方面应保持持续投入，充分满足课程教学的需要。

5.5.1　教学环境建设

（1）教学基础设施（多媒体教室、计算机实验室、实验设备和网络自主学习环境等）数量和功能上能满足大学计算机基础教学和实践育人的需要。虽然目前大学新生的计算机拥有率比较高，但是集中上机的实验环境以及交流氛围仍然是必不可少的，因此设立公共计算机实验室仍然是非常必要的。建议公共计算机实验室的机器数量与新生人数比例不低于 1∶10。

（2）实验室建设符合标准，有良好的管理、维护和更新机制，保证教学设施的运行状态，更新频率和管理模式能够方便学生使用。实验教师能够满足实验教学辅导要求，实验开出率达到课程教学大纲要求的 100%。实行开放性实验，开放时间长，开放范围及覆盖面广，效果良好。

（3）有成熟的网络教学平台和丰富的网络教学资源，并不断建设完善。网络教学平台和资源平台要符合教学规律、统一规范，有利于开展网络环境下的教学和学生自主学习，有利于交流与共享。积极建设智慧教室，探索移动学习，开展翻转课堂和混合式教学实践，以网络教学平台为基础大力推进教学模式改革。

5.5.2　教材建设

教材是教学思想和教学内容的物化成果，新时代大学计算机基础课程教学改革对教材提出了新的、更高的要求。随着围绕计算思维能力培养和赋能教育的教学改革的不断深入，需要建设一批特点鲜明、适用性强的新形态教材。

高校应建立科学规范的教材选用和评估制度，从以下几个标准入手，选用满足人才培养目标的高质量优秀教材和精品教材。

（1）教材建设应体现社会主义核心价值，将课程思政有机融入教学体系和教材内容中，将价值塑造、知识传授和能力培养三者融为一体。

（2）教材应以计算思维培养、信息技术赋能为主线，既重视计算机知识的传授、计算思维的培养，更应在提升学生编程技能、问题求解技能、计算机应用技能等赋能教育方面进行探索和实践。教材内容要体现知识的基础性和系统性，基本概念、基本技术与方法的讲解要准确明晰。

（3）教材内容应具有一定的先进性，特别是要注意包含计算机新技术，如移动计算、云计算、大数据、物联网、人工智能、区块链等内容。要让学生能了解计算机的最新应用，掌握一些先进的开发工具和开发方法。

（4）教材具有配套建设的数字化资源，或者具有相应的课程教学平台和教学软件，有助于学生充分利用现代信息技术手段，提高课程学习效果。

（5）实验教材的配套建设完善。鉴于实验在大学计算机基础教学中的重要性，计算机基础课程的教材一般应做到理论教材和实验教材配套出版，教材内容合理分工。

当前，尤其需要推出一批交叉型课程的新型教材。高校应积极鼓励从事大学计算机基础教学的教师与不同专业的任课教师协作，出版体现学科交叉融合特点的教材，通过展示利用计算思维解决其他专业典型问题的过程，传授计算思维的基本概念和方法，达到信息技术赋能的目的。

5.5.3 教学资源建设

在以互联网为平台的各种教学模式中，教学资源建设永远是核心。鼓励教师积极建设数字化课程教学资源，包括素材库、试题库、案例库，为学生提供诸如学习视频、课件、参考文献等多种资源。高校需要有政策和投入，鼓励教师积极参与在线开放课程建设，支持校际在线课程的互选及资源共建共享活动，扩大优质数字教育资源共建共享。

附录 A　部分高校的大学计算机基础课程体系

高校课程体系的设计不仅要考虑新时代人才培养的新趋势，也需要结合本校的人才培养定位和特色，以及"四新专业"不同的建设需求，秉承传承与创新精神，持续推进课程体系的改革。附录 A 列举了部分高校现有的课程体系，供各高校在设计本校大学计算机基础课程体系时参考。列入附录 A 的课程体系案例，并不意味着这些高校课程体系是理想的或者说完善的，只是有一定代表性。

关于课程性质的名称，如通识必修类、必修类、通识选修类、选修类、公共必修类、公共选修类等，本附录遵循各校原来的命名方式，不做统一。

【案例 1】某双一流、综合类高校计算机基础课程体系

1. 课程体系

该校计算机基础课程体系如表 A–1 所示。

表 A–1　该校计算机基础课程体系

课程类型	课程名称	学分（学时：理论 – 实践）	课程性质
通识（公共）基础课	计算机科学基础（A） 计算机科学基础（B）	2（32–0）	通识必修类
	计算机问题求解	2（32–0）	通识选修类
技术基础课	C 程序设计基础 Java 程序设计 Python 程序设计 （三选一）	3（32–32）	通识必修类
	程序设计专题	2（16–32）	通识必修类
	数据结构基础	2.5（32–16）	选修类
	人工智能基础	3.5（48–16）	选修类
	汇编语言程序设计基础	2（24–16）	选修类

续表

课程类型	课程名称	学分（学时：理论－实践）	课程性质
技术基础课	Linux 应用技术基础	2（24-16）	选修类
	……	……	……
交叉融合课	区块链与数字货币	2（32-0）	选修类
	信息与交互设计	3.5（48-16）	选修类
	……	……	……

2. 修读要求

要求在计算机通识必修类课程中必选 5 学分（人文类专业要求必选 2 学分）。具体要求：工科（信息）、工科（非信息）、理科、医药、农生以及社科必选 5 学分；人文必选 2 学分，建议选 5 学分。

3. 修读建议

针对不同类别专业的修读需求，将计算机通识课程组合为 L1 ～ L3 三个层次，L1 为最高层次，L3 为最低层次。表 A-2 列出了不同类别专业学生的修读建议。学生在具体选课时，可以用较高层次课程覆盖较低层次课程。（注：如人文类学科是 L3 层次，但学生也可以选择 L1 或 L2 类课程；信息类学生要求选 L1 类课程，不能选 L2 或者 L3 类课程）

表 A-2　该课程体系修读建议

专业类别	课程层次	课程名称	修读年级	备注	
工科（信息）	L1	C 程序设计基础	大一	选 5 学分	
		程序设计专题	大一		
工科（非信息）、理科、医药、农生	L2	计算机科学基础（A）	大一		选 5 学分
		C 程序设计基础 Python 程序设计 Java 程序设计	大一	三选一	
社科、人文	L3	计算机科学基础（B）	大一	社科选 5 学分；人文必选 2 学分，建议选 5 学分	
		Python 程序设计	大一		

【案例 2】某双一流、综合类高校计算机基础课程体系

1. 课程体系

该校计算机基础课程体系如表 A-3 所示。

表 A-3　该校计算机基础课程体系

课程类型	课程名称	学分 （学时：理论 – 实践）	课程性质
通识（公共） 基础课	大学计算机 I	3（40–16）	必修类
	大学计算机 II	3（40–16）	必修类
	大学计算机 III	2（24–16）	必修类
	大学计算机 IV	3（40–16）	必修类
	大学计算机 V	3（40–16）	必修类
	计算之美	2（24–16）	必修类
技术基础课	算法设计与问题求解	2（24–24）	必修类
	面向对象与数据分析（C#）	2（24–16）	必修类
	程序设计与问题求解	3（32–32）	必修类
	Python 数据处理	2.5（32–16）	必修类
	微机原理与接口技术	3（42–14）	选修类
	数据库基础及应用	2（24–12）	选修类
	互联网技术与应用	2（16–16）	通识选修类
	物联网应用技术概论	2（32–8）	通识选修类
	……	……	……
交叉融合课	计算思维与程序设计	2（16–16）	通识选修类
	大数据时代的新媒体传播	1（16）	通识选修类

续表

课程类型	课程名称	学分 （学时：理论－实践）	课程性质
交叉融合课	计算社会科学导论	1（16）	通识选修类
	计算金融	2（32）	通识选修类
	商务智能	2（32）	通识选修课
	……	……	……

2. 修读要求

按照不同专业类别，要求在计算机通识基础课中指定一门必修，在技术基础课中各专业必修一门，部分专业选修 2 ～ 3 门，交叉融合课作为相关专业选修课程。

3. 修读建议

针对不同类别专业的需求，表 A–4 列出了不同类别专业学生的修读建议。

表 A–4　该课程体系修读建议

专业类别	课程名称	修读年级	备注
工科	大学计算机 I	大一	二选一
	大学计算机 III	大一	
	算法设计与问题求解	大二	二选一
	程序设计基础	大一	
	微机原理与接口技术	大二	
理科	大学计算机 I	大一	
	面向对象与数据分析（C#）	大二	
经济	大学计算机 I	大一	
	Python 数据处理	大一	
文科	大学计算机 IV	大一	
医学	大学计算机 V	大一	
	数据库基础及应用	大一	
少年班	计算之美	大二	

【案例3】某双一流、综合类高校计算机基础课程体系

1. 课程体系

该校计算机基础课程体系如表 A-5 所示。

表 A-5　该校计算机基础课程体系

课程类型	课程名称	学分（学时：理论 - 实践）	课程性质	备注
公共基础课	计算机基础（理）	3（20-12）	公共必修类	理科
	计算机基础（文）	3（20-12）	公共必修类	文科
技术基础课	C++ 程序设计基础	3（24-24）	公共必修类	理科
	数据结构与算法	3（24-24）	公共必修类	理科
	Python 程序设计 数据库技术与程序设计（二选一）	3（24-24）	公共必修类	大文科
	区块链原理与应用	2（20-12）	公共选修类	不分文理类别
	Python 和数据分析基础	2（16-16）	公共选修类	不分文理类别
	人工智能基础	2（20-12）	公共选修类	不分文理类别
	大数据可视化基础	2（16-16）	公共选修类	不分文理类别
	多媒体技术与工具 Matlab 应用	2（16-16）	公共选修类	不分文理类别
	微信小程序及其数据管理	2（16-16）	公共选修类	不分文理类别
	……	……	……	……
交叉融合课	信息分析与预测	2（20-12）	专业选修类	由专业学院开设
	人工智能设计与用户体验	2（24-8）	专业选修类	由专业学院开设
	……	……	……	……

2. 修读要求

要求在公共基础必修类课程中必选 3 学分（文理单独开设），技术基础必修类课程中必选 6 学分（大文科类专业要求必选 3 学分）。具体要求：理科必选三门课、9 学分；大文科必选两门课、6 学分，其中 Python 程序设计、数据库技术与程序设计二选一。

3. 修读建议

针对不同类别专业的修读需求，将计算机通识课程组合为 L1、L2 两个层次，L1 为高层次，L2 为低层次。表 A–6 列出了不同类别专业学生的修读建议。学生在具体选课时，可以用高层次课程覆盖低层次课程。

表 A–6　该课程体系修读建议

专业类别	课程层次	课程名称	修读年级	备注	
理科	L1	大学计算机基础（理）	大一	3 学分必修	
		C++ 程序设计基础	大一	3 学分必修	
		数据结构与算法	大二	3 学分必修	
大文科	L2	大学计算机基础（文）	大一	3 学分必修	
		Python 程序设计	大二	二选一	选 3 学分
		数据库技术与程序设计	大二		

【案例 4】某双一流、综合类高校计算机基础课程体系

1. 课程体系

该校计算机基础课程体系如表 A–7 所示。

表 A–7　该校计算机基础课程体系

课程类型	课程名称	学分（学时：理论 – 实践）	课程性质
通识（公共）基础课	大学计算机基础	2（22–10）	通识必修类（部分专业选修）
技术基础课	计算机程序设计基础（C++）	3（32–16）	通识必修类
	计算机程序设计实践（C++）	1（0–16）	通识必修类
	计算机程序设计基础（Python）	3（32–16）	通识必修类
	计算机程序设计实践（Python）	1（0–16）	通识必修类
	数据库技术与应用（一）	3（32–16）	通识必修类
	数据库技术与应用实践	1（0–16）	通识必修类

课程类型	课程名称	学分（学时：理论－实践）	课程性质
技术基础课	数据库技术与应用（二）	3（28-20）	选修类
	多媒体技术与应用	3（28-20）	选修类
	网络技术与应用	2（24-8）	选修类
	网页设计技术与应用	3（28-20）	选修类
交叉融合课	科学计算与 MATLAB 语言	3（28-20）	选修类
	大数据分析与应用	3（28-20）	选修类
	网络安全技术	2（24-8）	选修类

2. 修读要求

要求在计算机通识必修类课程中必选 4 ～ 6 学分。

3. 修读建议

针对不同类别专业的修读需求，将计算机通识课程组合为 L1、L2 两个层次，表 A-8 列出了不同类别专业学生的修读建议。

表 A-8　该课程休系修读建议

专业类别	课程层次	课程名称	修读年级	备注
工科、理科（非信息）	L1	大学计算机基础	大一	选 4 ～ 6 学分
		计算机程序设计基础（C++）计算机程序设计实践（C++）	大一	
		计算机程序设计基础（Python）计算机程序设计实践（Python）	大一	

续表

专业类别	课程层次	课程名称	修读年级	备注
人文社科、医学	L2	大学计算机基础	大一	选 4 ~ 6 学分
		数据库技术与应用（一）数据库技术与应用实践	大一	

【案例 5】某双一流、财经类高校计算机基础课程体系

1. 课程体系

该校计算机基础课程体系如表 A-9 所示。

表 A-9　该校计算机基础课程体系

课程类型		课程名称	学分（学时：理论 – 实践）	课程性质
公共基础课		计算机应用基础	2（20-12）	公共必修类
技术基础课	计算机基础类	数据库原理与应用	2（16-16）	公共选修类
		Excel 高级应用	2（16-16）	公共必修类
	程序设计类	C 程序设计	2（16-16）	公共必修类
		C++ 程序设计	3（24-24）	公共必修类
		Java 程序设计	3（24-24）	公共必修类
		Python 程序设计	2（16-16）	公共必修类
	计算机前沿类	人工智能基础及应用	2（20-12）	公共选修类
		区块链与数字货币	2（24-8）	公共选修类
交叉融合课		机助翻译	2（24-8）	专业选修类
		移动交互与信息界面设计	3（24-24）	专业必修类
		金融科技监管与监管科技	2（24-8）	专业必修类
		大数据与金融	2（24-8）	专业选修类

续表

课程类型	课程名称	学分（学时：理论－实践）	课程性质
交叉融合课	……	……	……

2. 修读要求

计算机应用基础为必修，其他技术基础课程为选修，交叉融合课的课程性质和课时要求由专业学院根据专业需求确定。

3. 修读建议

非信息类专业的计算机公共课程实行分层次、模块化教学，课程划分为 L1 ~ L4 三个层次，L1 为计算机应用基础课程（必修），L2 为计算机基础类课程，L3 为程序设计类课程，L4 为计算机前沿类课程。建议学生根据专业情况自行选择。如表 A-10 所示。

表 A-10　该课程体系修读建议

专业类别	课程层次	课程名称	修读年级	备注
经济管理、人文社科	L1	计算机应用基础	大一	必修
	L2	数据库原理与应用	大一	二选一
		Excel 高级应用	大一	
	L3	C 程序设计基础	大一	二选一
		Python 程序设计	大二	
	L4	人工智能基础及应用	大二	二选一
		区块链与数字货币	大二	

【案例 6】某普通地方高校计算机基础课程体系

1. 课程体系

该校计算机基础课程体系如表 A-11 所示。

表 A-11　该校计算机基础课程体系

课程类型	课程名称	学分 （学时：理论 - 实践）	课程性质
通识（公共）基础课	大学计算机基础	2（16-16）	通识必修类
	大学计算机基础与计算思维 2	2（16-16）	通识必修类
	大学计算机基础与计算思维 3	2（16-16）	通识必修类
技术基础课	C 语言程序设计	4（32-32）	通识必修类
	Python 语言程序设计	4（32-32）	通识必修类
	Photoshop 图像处理	2（16-16）	通识必修类
	人工智能	2（32-0）	通识限选类
	计算方法	3（40-8）	通识任选类
	Java 程序设计	3（24-24）	选修课
	大数据	3（24-24）	选修课
	机器人	4（48-16）	选修课
	数据库	3（32-16）	选修课
	……	……	……
交叉融合课	电子商务概论	3（42-6）	选修类
	新媒体概论	2（22-10）	选修类
	会计信息系统	3（24-24）	选修类
	计算机网络与工业物联网	3（24-24）	选修类
	……	……	……

2. 修读要求

通识必修类基础课程要求非计算机类专业必修，且必须至少修满 4 学分。其中大学计算机基础适用于 ××× 创新班的理科、工科专业以及其他理科、工科类专业，大学计算机基础与计算思维 2、Photoshop 图像处理适用于文科类专业，大学计算机基础与计算思维 3 适用于艺术、体育类专业。每个专业需选修 6 个学分的通识限选类课程（共有 10 门，人工智能是其中 1 门）。通识任选类课程由七大模块组成，每个模块学生选修不超过 3 个学分，累计必须修满 8 学分（计算方法是其中 1 门）。

3. 修读建议

针对不同专业的需求，表 A-12 列出了不同类别专业学生的修读建议。

表 A-12　该课程体系修读建议

专业类别	课程名称	修读年级	备注
×××创新班的理科、工科	大学计算机基础	大一	必修
	C 语言程序设计	大一、大二均可	
	Python 语言程序设计	大一、大二均可	
理科、工科	大学计算机基础	大一	必修
	C 语言程序设计	大一、大二均可	二选一
	Python 语言程序设计	大一、大二均可	
文科	大学计算机基础与计算思维 2	大一	必修
	C 语言程序设计	大一、大二均可	三选一
	Python 语言程序设计	大一、大二均可	
	Photoshop 图像处理	大一、大二均可	
艺术、体育	大学计算机基础与计算思维 3	大一	必修
	C 语言程序设计	大一、大二均可	三选一
	Python 语言程序设计	大一、大二均可	
	Photoshop 图像处理	大一、大二均可	

【案例 7】某普通地方高校计算机基础课程体系

1. 课程体系

该校计算机基础课程体系如表 A-13 所示。

表 A-13　该校计算机基础课程体系

课程类型	课程名称	学分（学时：理论 - 实践）	课程性质
通识（公共）基础课	大学计算机基础（A）	2（0-28）	通识必修类

续表

课程类型	课程名称	学分（学时：理论 – 实践）	课程性质
通识（公共）基础课	大学计算机基础（B）	2（0–28）	通识必修类
	大学计算机基础（C）	2（0–28）	通识必修类
	信息素养 – 互联网 + 时代的学习与生活	2（20–0）	通识选修类
技术基础课	程序设计基础（C 语言）	3.5（32–32）	选修类
	程序设计基础（Python）	3.5（32–32）	选修类
	Python 高级编程	1.5（16–16）	选修类
	办公软件高级应用	1.5（0–32）	选修类
	Excel 数据处理与分析	1.0（0–16）	选修类
	图形图像处理	1.5（0–32）	选修类
	多媒体课件设计与应用	1.5（0–32）	选修类
	网页设计与制作	1.5（0–32）	选修类
	……	……	……
交叉融合课	物联网导论	1（16–0）	选修类
	大数据导论	1（16–0）	选修类
	……	……	……

2. 修读要求

要求所有专业在计算机通识必修类课程中必选 2 学分。此外，在选修类课程中，要求：理工科（非计算机专业）必选 5 学分，文管类必选 3 学分，艺体类必选 1.5 学分。

3. 修读建议

针对不同类别专业的修读需求，将计算机通识课程划分为基础层、提高层、进阶层三个层次。表 A–14 列出了不同类别专业学生的修读建议。学生在具体选课时，可以用较高层次课程覆盖较低层次课程。

表 A-14　该课程体系修读建议

专业类别	课程层次	课程名称	修读年级	备注
理工	进阶层	大学计算机基础（A）	大一	2 学分
		程序设计基础（C 语言）	大一	（选 5 学分）
		程序设计基础（Python）	大一	
		Python 高级编程	大一或大二	
		Excel 数据处理与分析	大一或大二	
文科管理	提高层	大学计算机基础（B）	大一	（2 学分）
		程序设计基础（C 语言）	大一	（选 3 学分）
		程序设计基础（Python）	大一	
		办公软件高级应用	大一或大二	
		网页设计与制作	大一或大二	
		Excel 数据处理与分析	大一或大二	
艺术、体育	基础层	大学计算机基础（C）	大一	2 学分
		图形图像处理	大一或大二	（选 1.5 学分）
		网页设计与制作	大一或大二	
		多媒体课件设计与应用	大一或大二	

附录 B　技术型课程典型案例

【案例 1】C 程序设计基础

教学目标：掌握高级程序设计语言的基本知识，理解结构化程序设计的基本思想与方法，理解和掌握 C 语言的数据表示和流程控制方法，具备基本的问题分析、算法设计和 C 程序实现能力。

建议学时：80 学时（含实验学时）。

课程对象：理工科类专业学生。

课程特点：①强调程序设计与计算思维相结合：通过程序设计的学习，使学生了解计算机执行程序的过程和方法，从而建立基本的计算思维意识和能力；②强调案例引导：通过各知识模块的典型案例，以问题导入和案例代码分析的方式重点学习程序设计的基本思路和方法，同时穿插学习相关语法知识；③强调应用实践：以程序设计为主线安排教学和实践内容，从第一周开始就安排编程练习，并贯彻始终。

该课程覆盖的知识领域、知识单元和知识点如表 B-1 所示。

表 B-1　C 程序设计基础课程覆盖的知识领域、知识单元和知识点

知识领域	知识单元	基础知识点	扩展知识点
程序与算法 PS	PS1 程序设计	程序与程序设计语言，基本数据类型，基本控制结构，模块（函数）化程序设计，问题求解的基本过程	数据文件，复合数据类型，函数（类）库

该课程主要教学内容如表 B-2 所示。

表 B-2　C 程序设计基础课程主要教学内容

序号	章节	重点教学内容	授课学时建议	实验学时建议
1	简单的 C 程序设计	C 语言的基本特点与结构，输入与输出语句，赋值与关系表达式，简单的顺序、分支、循环结构以及函数	8	6

续表

序号	章节	重点教学内容	授课学时建议	实验学时建议
2	分支结构程序设计	字符类型数据及其输入、输出，逻辑表达式，if 语句及嵌套，switch 语句	4	2
3	循环结构程序设计	for、while、do-while 循环语句的形式和使用，嵌套结构的循环	6	4
4	函数程序设计	函数的定义与声明方法，函数的调用方法与参数传递方式，变量与函数的关系，局部变量、全局变量以及静态局部变量的作用范围和生命周期	4	2
5	数据类型与表达式	基本数据类型（整型、实型、字符型），表达式（算术、赋值、关系、逻辑、条件、逗号等）运算的优先级及结合方向，数据的存储和类型转换	2	2
6	数组程序设计	一维数组、二维数组的定义、初始化与引用，字符串的概念与操作	6	4
7	指针基础	指针的概念，指针变量的定义、初始化和运算，指针作为函数参数的作用和方法，使用指针变量对数组元素操作，使用指针操作字符串的方法	6	4
8	结构程序设计	结构的概念与定义（含嵌套结构），结构数组的应用，结构指针的基本概念与使用	2	2
9	函数与程序结构	结构化程序设计思想与函数的组织，递归函数，宏定义，预编译指令	4	2
10	指针进阶	指针数组及应用，指针与函数的关系，单向链表的概念和操作	4	2
11	文件	文件的基本概念，C 语言文件操作编程的步骤，文本文件的操作方法	2	2

【案例 2】Python 语言程序设计

教学目标： 通过对程序设计基本方法、Python 语言语法、Python 语言多领域应用等内容学习，掌握一门帮助各专业后续学习且具有广泛应用价值的编程语言，具体讲授基本编程方法、Python 语法、计算方法及 Python 应用领域等内容，以 "Python 基础语法体系" 为主要内容，让学生掌握利用计算机解决问题的方法，培养计算思维能力，并通过实验提高实践能力。

　　建议学时： 48 或 64 学时（含实验学时）。

　　课程对象： 各专业学生，理工科类专业建议 64 学时。

　　课程特点： 该课程是数据分析、大数据处理、人工智能等后续课程的基础，内容成体系且具有较强的实践性，能够培养学生面向未来发展的基础能力。建议广泛开设并加强能力考核。

　　该课程覆盖的知识领域、知识单元和知识点如表 B-3 所示。

表 B-3　Python 语言程序设计课程覆盖的知识领域、知识单元和知识点

知识领域	知识单元	基本知识点	扩展知识点
程序与算法 PS	PS1 程序设计	程序与程序设计语言，基本数据类型，基本控制结构，模块（函数）化程序设计，问题求解的基本过程	数据文件，复合数据类型，函数（类）库
	PS2 数据结构	线性表，集合，字典	
	PS3 算法设计与分析	算法描述（流程图），算法复杂性，算法设计基础（迭代、递归、穷举），简单字符串处理	随机算法、计算生态运用
数据与智能 DI	DI1 数据组织与管理	一、二维及多维数据	
	DI2 数据分析与处理	数据预处理，数据统计	多维数据分析，数据清洗
	DI3 数据呈现与可视化	数据呈现方式	

　　该课程的主要教学内容如表 B-4 所示（以 48 学时为例，如课程为 64 学时，建议实验为 20 学时）。

表 B-4　Python 语言程序设计课程主要教学内容

序号	章节	重点教学内容	授课学时建议	实验学时建议
1	程序基本方法	Python 语言特点，Python 开发环境，程序基本编写方法，算法与计算思维概念，Python 程序认知	2	
2	基本语法元素	Python 程序的格式、注释、命名、表达式、常见数据类型、输入输出方法、引用方法，turtle 程序绘图	2	2

序号	章节	重点教学内容	授课学时建议	实验学时建议
3	基本数据类型	整数、浮点数、复数等数字类型，数字类型使用函数及方法，字符串类型及操作方法，time 库	4	
4	程序控制结构	分支结构，循环结构，顺序结构，异常结构，random 库，随机算法	4	2
5	函数和代码复用	函数定义，函数调用，递归，代码复用，模块与类，多线程编程	6	
6	组合数据类型	集合类型，元组类型，列表类型，字典类型，jieba 中文分词库	6	2
7	文件和数据格式化	文件打开与读写，一、二维数据格式化（表示、计算、存储），CSV 文件读写，wordcloud 库运用	4	2
8	程序设计方法学	程序框架与分而治之，Python 第三方库安装，计算生态运用，编码风格，pyinstaller 库与程序打包	4	
9	网络爬虫与信息提取	网络爬虫，requests 库，re 库，Web 数据清洗，Web 数据关键信息提取	4	
10	面向对象程序设计	Python 类的定义、对象、方法与属性、继承、封装、多态，类的计算方法	4	

【案例 3】多媒体技术及应用

教学目标： 掌握多媒体技术概念以及数据压缩和多媒体存储技术，理解图像、音频和视频数字化和相关标准，能够利用各类素材软件工具制作图像、音频和视频作品。掌握多媒体软件开发技术和界面设计，能够利用多媒体创作工具开发多媒体应用软件或多媒体应用系统。理解多媒体通信标准和宽带接入技术，能够使用多媒体会议系统开设音视频远程会议，了解多媒体 / 跨媒体内容分析、移动多媒体技术、虚拟现实和元宇宙系统。

建议学时： 54 ~ 72 学时（含实验学时）。

课程对象： 各专业学生。

课程特点： ①实用性：边学习边实践，在实践过程中逐步掌握各种多媒体软件或硬件的基本技能；②新颖性：多媒体技术发展迅速，各种标准和规范以及多媒体软件工具都需与时俱进；③全面性：从各类媒体创作到多媒体软件开发所用到的一整套多媒体素材制作工具和多媒体应用开发软件，为学生提供全方位的多媒体复杂问题解决方案。

该课程覆盖的知识领域、知识单元和知识点如表 B-5 所示。

表 B-5　多媒体技术与应用课程覆盖的知识领域、知识单元和知识点

知识领域	知识单元	基础知识点	扩展知识点
信息与社会 IS	IS1 信息与编码	信息与数据	语音编码，图像编码，信息压缩
数据与智能 DI	DI1 数据组织与管理	（多媒体）数据压缩和存储	
	DI2 数据分析与处理	多媒体信息处理（图像信息处理、音频信息处理、动画或视频信息处理，及其处理软件）	

该课程主要教学内容如表 B-6 所示。

表 B-6　多媒体技术与应用课程主要教学内容

序号	章节	重点教学内容	授课学时建议	实验学时建议
1	多媒体技术基础	媒体及其分类，多媒体技术，多媒体系统，多媒体硬件，多媒体软件，数据压缩，多媒体存储	6	2
2	图形与图像处理	光与颜色模型，图形与图像，图像数字化，图像格式和图像处理，图像压缩与 JPEG 标准，显示设备与扫描仪，图像处理软件，案例：平面设计	6	4～6
3	MIDI 与音频处理	声波与电声学，MIDI 与数字音频，音频数字化，音频格式与音频处理，音频压缩与 MP3 标准，声卡与电声设备，音频处理软件，案例：广播剧	6	4～8

序号	章节	重点教学内容	授课学时建议	实验学时建议
4	动画与视频处理	视觉暂留与视频信号，计算机动画与数字视频，视频信号数字化，视频格式与视频处理，视频压缩与 MPEG 标准，录像设备，视频处理软件，案例：微电影	6	4 ～ 8
5	多媒体创作设计	多媒体软件开发，多媒体界面设计，交互设计，美学原则，多媒体创作工具，案例：交互游戏	6	4 ～ 8
6	多媒体通信网络	数据通信，多媒体通信，音视频通信标准，宽带网络接入，多媒体会议系统，案例：腾讯会议	4	0 ～ 2
7	多媒体前沿技术	多媒体分析与检索，跨媒体分析与计算，移动多媒体计算，虚拟现实与元宇宙，立体视觉与 3D 电视	2	

【案例 4】数据库技术及应用

教学目标：理解数据库的基本概念与特征，了解数据处理发展历程；理解数据库设计生命周期，掌握数据库设计方法，即概念模型、逻辑模型和物理模型的设计方法与步骤；掌握关系数据库管理系统软件的基本操作技术，掌握进行数据组织与管理的操作方法；了解 SQL 语言及应用，掌握利用 SQL 语言实现数据的存储和管理（如增、删、改、查、排序等）的编程方法；掌握数据的传递与共享技术；了解数据库安全，了解数据库控制技术；掌握数据库应用系统开发的一般方法，解决与专业相关的应用问题。

建议学时：48 学时（含实验学时）。

课程对象：各专业学生，特别是偏文科专业的学生，包括管理学、经济学、新闻传播学、教育学等专业的学生。

课程特点：

①强调对数据库概念的理解，通过学习数据库技术的发展及应用，建立"数据世界观"，培养学习者利用数据库技术对信息进行管理、加工和利用的素养，增强学习者数据管理与分析、数据抽象与表达的能力。

②全面进行"数据库基础理论、数据库设计、数据操纵、数据库系统控制"内容的整体设计，培养学生利用数据库技术解决专业问题的意识，增强学生根据应用问题选择、使用 DBMS 产品和应用开发工具的能力，让学生学会利用 DBMS 进行数据采集、

整理、输入、查询、分析及应用的数据库技术，掌握数据收集、整理、分析和处理等数据处理的基本技能。

③贯穿"数据库应用系统开发"生命周期的全过程演化，用以培养学生积极探索新技术、新方法的思维习惯；增强学习者团队协作、自我创新的能力；让学生感受信息文化、增强信息意识，从而达到计算思维能力培养和赋能教育的目标。

该课程覆盖的知识领域、知识单元和知识点如表 B-7 所示。

表 B-7　数据库技术及应用课程覆盖的知识领域、知识单元和知识点

知识领域	知识单元	基础知识点	扩展知识点
数据与智能 DI	DI1 数据组织与管理	数据模型，E-R 图，关系数据库，SQL 语言，数据压缩和存储，数据安全	管理信息系统，分布式数据系统，大数据存储与管理
程序与算法 PS	PS4 软件开发与过程管理	软件工具与开发环境，软件开发模型，软件开发方法，软件测试	项目管理与质量控制，需求分析，软件设计

该课程主要教学内容如表 B-8 所示。

表 B-8　数据库技术及应用课程的主要教学内容

序号	章节	重点教学内容	授课学时建议	实验学时建议
1	数据库理论基础	信息与数据、数据处理、数据描述、数据模型、关系代数、数据库系统等基本概念，数据库管理系统功能，数据库系统构成	4	
2	数据库设计	概念模型，联系类型，实体-联系图（E-R），关系模型的组成要素，关系的完整性，关系模型，关系规范化，E-R 模型向关系模型的转换关系数据库	6	
3	数据库操作技术	数据库，数据库对象，表，视图，索引，存储过程，触发器	6	6
4	结构化查询语言 SQL	SQL 语言基础，数据定义语句，数据操纵语句，数据查询语句，数据控制语句	6	4
5	数据完整性	域完整性，实体完整性，参照完整性，用户定义完整性	4	2

续表

序号	章节	重点教学内容	授课学时建议	实验学时建议
6	数据库安全与共享	数据库安全机制，用户标识和鉴定，数据备份与还原，数据传递	4	2
7	数据库应用系统开发	数据库实施，数据库运行和维护	2	2

【案例 5】数据科学基础

教学目标： 理解数据科学概念及数据分析过程；掌握 Python 数据分析方法；掌握定向网络数据爬取和网页解析的基本方法；掌握人工智能、机器学习常用方法。

建议学时： 48 学时（含实验学时）。

课程对象： 各专业学生。

课程特点： ①知识系统化：研究数据的收集整理、从数据中分析处理，获得有效知识并加以应用，掌握数据分析和处理、数据可视化、网络信息提取、机器学习应用；②案例与专业交叉融合：通过不同专业的典型案例，运用数据科学解决专业中实际问题；③素质和能力培养：重点培养学生的理论性、实践性和应用性三方面的素质和能力，包括对模型的理解和运用能力、处理实际数据的能力和利用数据科学的方法解决具体行业应用问题的能力。

该课程覆盖的知识领域、知识单元和知识点如表 B-9 所示。

表 B-9　数据科学基础课程覆盖的知识领域、知识单元和知识点

知识领域	知识单元	基础知识点	扩展知识点
信息与社会 IS	IS3 信息技术与社会变革	新一代信息技术，数字经济，数字社会	
数据与智能 DI	DI2 数据分析与处理	数据获取，数据预处理，数据统计，多媒体信息处理	数据分析语言及工具，数据分析与决策，数据挖掘，数据分析行业应用
	DI3 数据呈现与可视化	数据呈现方式，常用可视化工具	专用可视化工具

续表

知识领域	知识单元	基础知识点	扩展知识点
数据与智能 DI	DI4 智能技术与系统	搜索技术，机器学习，"智能 +"系统	自然语言处理（NLP），计算机视觉，知识图谱，神经网络与深度学习，知识工程

该课程主要教学内容如表 B-10 所示。

表 B-10　数据科学基础课程主要教学内容

序号	章节	重点教学内容	授课学时建议	实验学时建议
1	数据分析基础及开发工具	数据科学基础	2	2
2	数据表示与科学计算	数据的表示和管理，数据表示与操作，数据汇总与统计多元线性回归模型	4	2
3	数据可视化	数据基础绘图，数据可视化	4	2
4	数据特征分析	数据加载，数据预处理，数据汇总与统计分析，时间序列	6	3
5	网络爬虫与信息提取	爬虫基本原理，数据获取，信息解析，关键信息提取	6	3
6	人工智能与机器学习	人工智能基础，分类与回归，聚类，神经网络与深度学习	10	4

【案例 6】Web 前端开发

教学目标：了解 Web 前端开发的概念，掌握前端开发的工具、环境，并了解常用工具的优缺点，能够将其合理运用于前端开发过程中；掌握前端开发的基本技术构成与标准，包括 HTML、CSS 和 JavaScript，能够完成基本前端页面构建；了解前端开发流程，初步建立前端工程化思维，能够从工程应用角度进行前端开发的分析、设计；能够进行前端学习的拓展和迁移，了解函数库和框架技术，并为前端与后端结合开发完整Web 系统、App 与小程序打下基础。

建议学时：40 学时（含实验学时）。

课程对象：信息类、自动化类相关专业学生，管理类专业学生。

课程特点：①强调案例引导：通过实际应用案例进行知识导入，将前端构建知识、技能与应用紧密结合，引导学生学以致用；②强调工程应用：以前端工程化开发工具和过程为基础，引导学生以前端工程开发应用为目标进行学习；③强调知识迁移：通过 Web 前端知识体系搭建，引导学生将知识迁移到移动端，完成 App 与小程序前端开发。

该课程覆盖的知识领域、知识单元和知识点如表 B-11 所示。

表 B-11　Web 前端开发课程覆盖的知识领域、知识单元和知识点

知识领域	知识单元	基础知识点	扩展知识点
平台与计算 PC	PC3 互联网	网络体系结构，网络协议，网络设备，局域网与广域网，网络服务模式，移动互联网	无线网络，网络管理，Web 编程技术，移动应用开发技术
程序与算法 PS	PS1 程序设计	程序与程序设计语言，基本数据类型，基本控制结构，模块（函数）化程序设计，问题求解的基本过程	复合数据类型，面向对象编程，函数（类）库

该课程的主要教学内容如表 B-12 所示。

表 B-12　Web 前端开发课程的主要教学内容

序号	章节	重点教学内容	授课学时建议	实验学时建议
1	前端开发概述	前端开发的基本概念与流程，技术构成与标准，开发工具与平台	2	
2	HTML	HTML 的基本概念、构成要素，页面基本结构，常用标签	2	2
3	CSS	CSS 基本语法，添加方式，选择器，常用样式	4	
4	定位与布局	盒子模型，文档流定位，浮动定位，层定位，弹性盒子和网格布局，响应式布局	6	2
5	CSS3	边框和文字效果，2D 和 3D 变换，过渡，动画	2	

续表

序号	章节	重点教学内容	授课学时建议	实验学时建议
6	JavaScript 基础	JS 添加方式，基本语法，选择和循环结构，数组，函数，对象	6	
7	DOM 与 BOM	DOM 树结构，DOM 操作，事件；window 对象，定时器，screen 等 BOM 常用对象	6	2
8	函数库与框架基础	函数库和框架的概念，主流前端框架及组件库架构、特点	4	2

【案例 7】物联网技术基础

教学目标：掌握物联网的概念、特征，了解物联网的发展历程，理解物联网对智能电网、智能制造、环境监控等行业的作用和影响；理解条形码、RFID、智能传感器的原理和作用，能够利用 Python 语言开发基于条形码的基本应用；理解物联网感知数据的传输方法和智能处理方法，能够进行感知数据的存储、分析和可视化应用；理解物联网面临的安全问题，能够利用 Python 应用开发基于 DES、RSA 算法的隐私保护应用。

建议学时：32 学时（含实验学时）。

课程对象：信息类、自动化类、电气类、机械类、环境类相关专业学生。

课程特点：①强调技术发展：通过介绍物联网的发展，强调物联网技术对工业 4.0 的作用和影响，引导学生学以致用；②强调技术应用：通过技术原理介绍，引导学生利用 Python 语言等开发条形码等微应用，进行持续学习；③强调课程思政：通过介绍物联网技术在中国制造中取得的实际成果，培养学生的民族自豪感和创新驱动力。

该课程覆盖的知识领域、知识单元和知识点如表 B-13 所示。

表 B-13　物联网技术基础课程覆盖的知识领域、知识单元和知识点

知识领域	知识单元	基础知识点	扩展知识点
平台与计算 PC	PC4 物联网	物联网体系结构，条形码，RFID 技术，空间定位技术	传感器，"物联网+"应用，信息物理系统

该课程的主要教学内容如表 B-14 所示。

表 B-14　物联网技术基础课程的主要教学内容

序号	章节	重点教学内容	授课学时建议	实验学时建议
1	物联网的概念	物联网的概念与特征，物联网的起源与发展，物联网对工业 4.0 的影响	2	
2	物联网体系结构	物联网系统主要组成部分，物联网核心技术，物联网反馈控制	2	
3	传感与检测技术	传感器功能与结构，传感器分类，温度传感器，视觉传感器	4	2
4	条形码与 RFID 技术	一维码、二维码、RFID	6	2
5	空间定位技术	WiFi 定位，基站定位，卫星定位	4	
6	物联网数据处理	云存储，数据分析，数据可视化	4	2
7	物联网安全技术	安全接入技术，加密技术，安全防护技术	2	2

附录C 交叉融合型课程典型案例

【案例1】智能医学导论

教学目标：了解智能医学的基本内涵、主要研究领域、典型应用场景以及未来发展趋势；理解人工智能的基本概念与研究方法、临床智能辅助诊断与决策方法、医疗大数据分析技术、医学影像智能分析方法；了解人工智能在药物研发、健康管理、基因测序、语音识别以及精神疾病诊断治疗等方面的问题求解过程，为临床实践奠定初步基础。

建议学时：36学时（含实验学时）。

课程对象：各专业学生，特别是医学专业学生，包括临床医学、口腔医学、药学、护理学、生物技术专业等。

课程特点：①强调知识渗透与领域交叉：通过人工智能理论方法与医学原理相结合，使学生充分认识到智能医学的技术方法对医疗卫生领域的重要作用；②强调案例引导：通过医学与临床领域的典型案例，引入运用智能医学的新技术、新方法解决医学问题的主要过程，使学生充分理解智能医学如何解决实际问题；③强调延伸与拓展：从智能医学解决医学与临床领域的典型问题出发，延伸到人工智能新技术与医学新的结合点，探索智能医学新的发展方向。

该课程覆盖的知识领域、知识单元和知识点如表C-1所示。

表C-1 智能医学导论课程覆盖的知识领域、知识单元和知识点

知识领域	知识单元	基础知识点	扩展知识点
信息与社会IS	IS3信息技术与社会变革	新一代信息技术，数字社会	智慧医疗
平台与计算PC	PC4物联网	条形码，RFID技术	"物联网+"应用
数据与智能DI	DI1数据组织与管理	数据模型，关系数据库	管理信息系统，大数据存储与管理

续表

知识领域	知识单元	基础知识点	扩展知识点
数据与智能 DI	DI2 数据分析与处理	数据获取，数据预处理，数据统计，多媒体信息处理	数据分析语言及工具，数据挖掘，数据分析与决策，数据分析行业应用
	DI3 数据呈现与可视化	数据呈现方式，常用可视化工具	专用可视化工具
	DI4 智能技术与系统	搜索技术，机器学习，"智能 +"系统	自然语言处理（NLP），计算机视觉，知识图谱，神经网络与深度学习，知识工程

该课程的主要教学内容如表 C-2 所示。

表 C-2　智能医学导论课程的主要教学内容

序号	章节	重点教学内容	授课学时建议	实验学时建议
1	智能医学	智慧医疗、智能医学的概念，存在的主要问题，发展前景	2	
2	人工智能	人工智能的概念及分析方法，机器学习的概念，深度学习的概念	4	
3	临床智能辅助诊断与决策	知识工程，专家系统，数据分析与决策，医学临床决策支持系统（CDSS）	2	
4	医疗大数据分析	大数据存储与管理，数据获取及预处理，数据统计，数据分析与决策，数据分析行业应用（基于 Hadoop 平台的医疗大数据分析）	4	2
5	医学影像智能分析	特征提取与筛选，计算机视觉，效能评估，"智能 +"系统（智能影像分析预测应用案例）	4	

序号	章节	重点教学内容	授课学时建议	实验学时建议
6	人工智能在药物研发中的应用	药物研发过程与挑战，数据模型，数据可视化，知识图谱	2	
7	智能健康管理	健康管理的概念，物联网感知技术，知识工程，"智能+"系统（智能健康管理应用案例）	2	2
8	智能基因测序	基因测序技术，机器学习，搜索技术，"智能+"系统（基因测序智能分析应用案例）	4	2
9	智能语音及其医疗应用	自然语言处理，"智能+"系统（医学智能语音识别应用案例）	2	
10	人工智能与精神疾病诊疗	精神疾病与情绪调节，神经影像，状态评估，"智能+"系统（智能技术在精神疾病诊疗中的应用）	2	2

【案例 2】智慧农业导论

教学目标：智慧农业是信息技术与农业交叉融合发展起来的一门新兴学科。本课程要求学生掌握智慧农业的概念、基本内涵、发展历程、主要研究领域和典型应用场景；从信息技术和农业技术发展过程的视角，理解计算思维、计算机技术、互联网技术、传感器技术、物联网技术、大数据技术、人工智能等方法和技术在智慧农业领域中的应用和作用，同时了解工程学的基本原理在智慧农业系统构建过程中的作用。

建议学时：40 学时（含实验学时），必修。

课程对象：农业类院校各专业学生。

课程特点：①强调知识的基础性与扩展性并重：通过信息技术与农业领域知识相结合，使学生既学到信息技术的基础知识，又能领悟信息技术在农业领域的广泛应用，充分认识到新一代信息技术对现代农业的重要作用；②强调案例引导：通过智慧农业领域智慧农机、智慧温室、智慧果园、农产品溯源等典型案例，阐述运用云计算、物联网、大数据、人工智能等技术和方法解决农业问题的主要过程，使学生充分理解信息技术如何解决实际问题；③强调学科交叉融合与发展：从信息技术、智能装备技术、生物技术、农业工程等多个要素的交叉融合与发展，展望智慧农业的未来发展方向。

该课程覆盖的知识领域、知识单元和知识点如表 C-3 所示。

表 C-3　智慧农业导论课程覆盖的知识领域、知识单元和知识点

知识领域	知识单元	基础知识点	扩展知识点
信息与社会 IS	IS1 信息与编码	信息与数据，数制及转换，字符编码，字形编码	语音编码，图像编码
	IS3 信息技术与社会变革	新一代信息技术，数字经济，数字社会	智慧农业，区块链 +
平台与计算 PC	PC1 计算模式	图灵机，冯·诺依曼结构	云计算
	PC2 计算系统	算术运算与逻辑运算，计算机组成，计算机工作原理，系统软件与应用软件，操作系统	
	PC3 互联网	网络体系结构，网络协议，局域网与广域网，网络服务模式，移动互联网	无线网络，网络管理，路由与交换
	PC4 物联网	物联网体系结构，条形码、RFID 技术，空间定位技术	"物联网 +" 应用
程序与算法 PS	PS3 算法设计与分析	算法及其描述（流程图），算法复杂性，算法设计基础（迭代、递归、穷举），常用算法（简单排序、顺序查找、二分查找）	回溯法，贪心法，分治法，动态规划，分支限界法
	PS4 软件开发与过程管理	软件工具与开发环境，软件开发模型，软件开发方法，软件测试	软件设计（概要设计、详细设计）

续表

知识领域	知识单元	基础知识点	扩展知识点
数据与智能 DI	DI1 数据组织与管理	数据模型，关系数据库，SQL 语言	分布式数据系统，大数据存储与管理
	DI2 数据分析与处理	数据获取，数据预处理，数据统计	数据分析语言及工具，数据分析与决策，数据分析行业应用
	DI3 数据呈现与可视化	数据呈现方式，常用图表设计与制作，常用可视化工具	专用可视化工具，高级可视化工具
	DI4 智能技术与系统	机器学习，"智能+"系统	机器人技术，计算机视觉，神经网络深度学习

该课程的主要教学内容如表 C-4 所示。

表 C-4　智慧农业导论课程的主要教学内容

序号	章节	重点教学内容	授课学时建议	实验学时建议
1	智慧农业的由来	智慧农业的由来、内涵，智慧农业系统的概念，智慧农业涉及的技术，新一代信息技术，数字经济，数字社会，数字生态	4	
2	智慧农业系统	图灵机，冯·诺依曼结构，计算机组成及工作原理，系统软件与应用软件，信息与数据，数制及转换，数据编码，信息系统，智慧农业系统及其系统组成	2	
3	农业数字化技术	物联网体系结构，物联网感知技术，标识技术，定位技术，农业生产全程数字化技术，农业物联网技术	4	2

序号	章节	重点教学内容	授课学时建议	实验学时建议
4	数据传输技术	网络体系结构，网络协议，路由与交换，局域网与广域网，网络服务模式，互联网、移动互联网技术	2	
5	计算思维与算法	计算思维，计算机问题求解方法，算法及其描述（流程图），算法复杂性，算法设计基础（迭代、递归、穷举），常用算法（简单排序、顺序查找、二分查找、贪心、回溯）	4	2
6	农业大数据应用技术	数据模型，关系数据库，数据获取及预处理，数据统计，数据分析与决策，数据呈现方式，常用可视化工具，农业大数据概念，农业大数据存储与管理，分析与计算、可视化、区块链安全等技术	4	2
7	农业人工智能技术	人工智能概述，机器学习，机器人技术，专家系统，深度学习，农业机器人，遗传规划，计算机视觉，"智能 +"农业系统案例	4	
8	智慧农业系统构建	软件工具与开发环境，软件开发模型，软件开发方法，软件测试，智慧农业系统的开发流程，包括可行性分析、需求分析、系统设计、系统实现、质量管理与系统评价、项目管理等	4	2
9	智慧农业案例	冬枣识别系统，智能温室系统，植保无人机作业质量智能模拟评价系统，智慧农机大数据分析等	4	

郑重声明

高等教育出版社依法对本书享有专有出版权。任何未经许可的复制、销售行为均违反《中华人民共和国著作权法》，其行为人将承担相应的民事责任和行政责任；构成犯罪的，将被依法追究刑事责任。为了维护市场秩序，保护读者的合法权益，避免读者误用盗版书造成不良后果，我社将配合行政执法部门和司法机关对违法犯罪的单位和个人进行严厉打击。社会各界人士如发现上述侵权行为，希望及时举报，我社将奖励举报有功人员。

反盗版举报电话　（010）58581999　58582371

反盗版举报邮箱　dd@hep.com.cn

通信地址　北京市西城区德外大街 4 号

　　　　　高等教育出版社法律事务部

邮政编码　100120

读者意见反馈

为收集对教材的意见建议，进一步完善教材编写并做好服务工作，读者可将对本教材的意见建议通过如下渠道反馈至我社。

咨询电话　400-810-0598

反馈邮箱　gjdzfwb@pub.hep.cn

通信地址　北京市朝阳区惠新东街 4 号富盛大厦 1 座

　　　　　高等教育出版社总编辑办公室

邮政编码　100029